医院建筑的可持续
与循证设计

医院建筑的可持续与循证设计

Sustainability and
Evidence–Based Design
in the Healthcare Estate

[英] 迈克尔·菲里（Michael Phiri）　陈　冰　著

班淇超　任芳德　译

陈　冰　校

中国建筑工业出版社

著作权合同登记图字：01-2015-3250 号

图书在版编目（CIP）数据

医院建筑的可持续与循证设计 /（英）迈克尔·菲里
（Michael Phiri），陈冰著；班淇超，任芳德译 . —北
京：中国建筑工业出版社，2021.3
书名原文：Sustainability and Evidence-Based
Design in the Healthcare Estate
ISBN 978-7-112-27027-9

Ⅰ .①医… Ⅱ .①迈… ②陈… ③班… ④任… Ⅲ .
①医院 – 建筑设计 Ⅳ .① TU246.1

中国版本图书馆 CIP 数据核字（2021）第 270046 号

Translation from English language edition:
Sustainability and Evidence–Based Design in the Healthcare Estate by Michael Phiri and Bing Chen
Copyright © 2014 Springer Berlin Heidelberg
Springer Berlin Heidelberg is a part of Springer Science ＋ Business Media
All Rights Reserved.

Chinese Translation Copyright © 2022 China Architecture & Building Press

本书经 Springer-Verlag GmbH 公司正式授权我社翻译、出版、发行

责任编辑：段　宁　董苏华
责任校对：赵　菲

医院建筑的可持续与循证设计
Sustainability and Evidence-Based Design in the Healthcare Estate
［英］迈克尔·菲里（Michael Phiri）　陈　冰　著
班淇超　任芳德　译
陈　冰　校
＊
中国建筑工业出版社出版、发行（北京海淀三里河路 9 号）
各地新华书店、建筑书店经销
北京建筑工业印刷厂制版
河北鹏润印刷有限公司印刷
＊
开本：787 毫米 ×1092 毫米　1/16　印张：13½　字数：300 千字
2022 年 8 月第一版　　2022 年 8 月第一次印刷
定价：**65.00** 元
ISBN 978−7−112−27027−9
　　　　（38104）

序一

迈克尔·菲里（Michael Phiri）和陈冰（Bing Chen）两位学者为读者提供了一部重要且及时的著作，论述了循证设计过程及可持续设计之间在策略协同方面的可行性。我与他们相识是在几年前，当时我正在哈罗盖特（Harrogate）演讲，为 NHS（英国国家医疗服务体系）宣传循证设计。现在我很荣幸能有机会介绍他们的最新作品。

菲里和陈冰研究了医疗建筑循证设计和可持续设计之间的本质关系。他们通过研发一种方法，将医疗建筑循证设计和可持续设计结合起来，并希望解答：这两者之间有冲突吗？它们是否兼容？它们必须被视为互相独立还是互相服从？

究其核心，菲里和陈冰希望读者在设计实践中可以将循证设计与可持续设计结合起来，改善患者的健康状况和医护人员的工作环境。他们所提倡的相结合的设计策略为医疗建筑建设项目提供了必要信息，旨在应对在服务人口老龄化、技术快速变革和临床实践新形势的现状下，减少医疗开支的同时提高项目质量和安全性，从而满足人们越来越高的期望。

我个人的观点是，"循证设计"是一个过程，而绝非一个产品。事实上，这个过程可能正在或已经被有效地应用于可持续设计中。我曾写过一篇文章，认同 Sackett 等人对循证医学的定义：

> 循证设计意味着在做每一个决定时，慎重、准确和明智地应用在当前研究和实际操作中所能找到的最佳研究依据，并据此与业主进行有建设性的沟通，去设计独一无二的建筑。

如果认同这一定义就必须做好准备，将可持续设计视为许多可行的方式之一，并在这些方式中，利用严谨科学的相关研究改进设计决策。值得注意的是，各种可持续设计标准和指南都基于科学研究，参考源于实验室的研究成果进行内容优化，这种方式无疑代表并阐述了循证设计的定义。

使用循证设计过程的建筑师必须认真诠释研究成果对其当前项目的影响，认识到世界上很难有两个项目是完全相同的，而且对每个项目具体情况的解读也不尽相同。研究成果的含义应适用于每个项目的独特性。

本书部分章节介绍了国际范围内部分优秀实际项目案例，所提供的深刻见解可协助建筑师学到很多新知识，这为进一步研究提供了良好的开端。两位作者认为建筑教育迫切需要更新，并提出一种循证设计和可持续设计相结合的研究思路。

菲里和陈冰提醒我们，全球医疗保健系统需要变革。事实上，不管是否愿意，我们都正处于一个不断变革的时代。作者们认为应采取积极乐观的环境干预策略去应对或预见这些变革，这应是一个包括循证或基于研究的过程，并积极实现可持续设计的目标。除了建筑设计，作者们鼓励读者去思考卫生和社会保健环境的变化如何引导结构重组、制定新的卫生政策并提高治理效率。

作者们广泛地进行了设计工具审查和资源评估，包括由国家和国际公共及私人组织颁布的指导方针、标准、规范和工具等。他们认为，技术指导和医疗设计工具的开发及维护是一种切实可行的方法，可以促进循证设计和可持续设计的结合。我本人对各个国家指导模式之间的差异比较感兴趣——如 LEED 缺乏对废弃物和污染的评分，而 BREEAM 和其他模式则充分考虑到了这一点。作者们提出，需要开发更综合的工具，并且在特殊情况下应用规章制度来取代自愿性质的建议。

值得称赞的是，菲里和陈冰为当代设计界和医疗产业解决了一个重要问题。他们的研究告诉我们，循证设计和可持续设计不仅没有冲突，而且可以共存及相互协调。可持续设计驻留在一个总体框架中，通过诠释研究的意义来做出更好的设计决策。这表明，真正的冲突并不是在循证设计和可持续设计之间，也许其他的挑战才是解决可持续设计与潜在问题之间的冲突，包括：可持续性措施的成本、初始成本的考量超过生命周期成本、客户的矛盾心理、反对变革的阻力或缺乏对可持续感兴趣的实践者的教育支持等。

医疗设施的可持续设计和医疗规划之间极有可能存在着更大的潜在冲突。例如，"医院维持 24 小时运转所需的电力和能源消耗"就违反了可持续设计的常规原则。因此，有经验的建筑师必须对通过研究所发现的矛盾做出仔细而深思熟虑的判断，这是常规的，也是不可避免的。单一领域的研究往往会给读者带来理解上的矛盾，当设计决策涉及多个领域时，我们的判断就开始发挥作用了。这些判断对于建筑师来说是很熟悉的：优先级、平衡、折中和替代方案等方式常常会被应用到决策过程中。

菲里和陈冰为建筑师和政策制定者解决重要问题提供了优秀的参考文献，希望读者能与我一样发现本书的意义。期待他们的后续研究。

柯克·汉密尔顿博士 *

（D. Kirk Hamilton）

建筑学院教授

美国得克萨斯 A&M 大学

---

* 柯克·汉密尔顿博士，美国建筑师协会资深会员、美国医院管理人员学会会员，建筑学教授，美国得克萨斯 A&M 大学循证设计研究实验室主任。研究方向包括卫生设施的设计和可测量的组织绩效之间的关系。在加入本学院之前，从事了 30 年的医疗建筑设计工作。曾担任过美国医疗保健建筑师学会（American College of Healthcare Architects）的会长，现同时担任同行评审期刊《健康环境研究与设计》（*Health Environments Research and Design*，HERD）的联合编辑。

序二

2020年是不平凡的一年，新型冠状病毒肆虐全球，人类即将经历百年未有之大变局。中国社会正在面临老龄化社会的挑战，并提出目标：健康中国2030。疫情之后我们面临着防疫设施的重新规划和布局、老旧医院设施面临改造升级等机遇与挑战，并且随着5G时代的到来，新的医院建设更需要更新设计理念，从而创造出符合时代需求、经济需求、社会需求的建筑产品……在这个多种时代背景交织（或交汇）下的时间节点，迈克尔·菲里（Michael Phiri）和陈冰教授的译著《医院建筑的可持续与循证设计》（*Sustainability and Evidence-Based Design in the Healthcare Estate*）就这样摆在了我的面前。

在中国社会大踏步前进的今天，在医院建设仍旧如火如荼的时刻，这本书犹如久旱的土地迎来了一场及时雨，为在这个领域耕耘的实践者提供了非常坚实的有关循证设计的认知和理论基础。

2011—2013年间，我们团队完成了北京市自然科学基金重点项目"医院建筑使用后功能和环境评估体系研究"课题，创新性地提出了医院建设后评价的框架和评价细则，第一次提出了"SHAPE"后评价工具，实验性地完成了全国20多家医院后评价工作，有非常多的收获和感触，我依然清晰地记得在全国医院建设大会上我的演讲题目是："循证设计实践首次在中国试航"，阐述了医院后评价工作的重要性。

在追求科学与理性的今天，循证医学自创立以来已经在医学界被广泛接受，它建立在严谨、慎重的科学研究证据基础之上，成为现代医疗理念、强调医疗决策的重要依据。医院建设借鉴循证医学思想，强调循证设计在建筑设计中利用研究结果和统计数据。后评价实际上是循证理论的具体体现，后评价是获取大数据的手段。后评价不仅对所评价的医院的未来发展提供依据，而且与医院建设的前期策划形成闭环，只有形成闭环的医院建设才能形成良性循环的机制。

回到医院建设本身，近几年我一直在呼吁：医院建设质量的保证需要医院建设的三驾马车保驾护航：前期策划、工艺设计和后期评价。但事实上，这三方面工作的落实并不尽如人意。

时隔近十年，所盼望的有关医院循证设计的书籍终于问世了。非常敬佩菲里和陈冰教授能够潜心钻研，付出大量的心血完成了关于医院循证设计的著作。这本书向读者展示了循证设计的理论、技术指南、工具以及国内外的案例分析。同时感谢本书的译者班淇超与任芳德，将这些精彩的内容翻译呈现给读者，为我国医疗建筑行业发展增添了一份力量。

我认为这本书的意义在于：

1. 本书基于信息化和科学化的医疗体系背景，探讨了循证设计和可持续设计之间的关系，充分说明了这两者之间不仅可以共存，而且通过相互协调可以做出更加科学合理的设计决策。以建筑界现实问题为线索，作者们列举了各个国家、地区的医疗建筑环境评价指标和方法，介绍了国内外医疗建筑领域的众多优秀案例，并以大量业内实践经验为支持，深入探讨了循证设计这一设计理念的思维逻辑和方法论。

2. 大型综合医院作为最复杂的建筑类型，本书通过对国内外优秀案例的介绍，进一步阐释了医疗建筑只有以循证设计理念为前提，才能保证设计的科学性、合理性以及前瞻性，避免设计得千篇一律和盲目照搬，避免了医院每一轮的建设都与上一轮建设犯重复性错误的恶性循环。

3. 本书对国际范围内各种设计工具、标准、规范进行了广泛的审查与评估，建筑设计并非工业产品，没有完全相同的两个项目，而且不同领域对于同一项目的解读也不尽相同。我相信本书的出版能为医疗建筑设计带来新的灵感和思路。

4. 本书特色在于清晰阐述了医疗建筑中循证设计和可持续设计之间的本质关系，多维度论证了这两者之间协调发展的可能性和优越性，以及对未来医疗建筑行业和医疗健康体系变革产生的实际的和深远的影响。

最后，希望循证设计的理念能够成为医疗建设的不可或缺的环节并贯穿到医院建设的实践中，贯穿到医院建设的全生命周期中，因为只有这样，医院建筑作为有机生命体才能不断吸收营养，才能进行新陈代谢，才能赋予健康发展衍生的生命力，获得可持续发展的原动力。这是面向未来挑战的出路，也是唯一的出路。

格伦，教授

北京建筑大学医疗建筑研究中心，创始人、学术带头人

国家卫计委，北京医管局医疗建设专家组成员

本原大健康国际协会中国区主席

中国医药文化产业学会医养工程分会副会长

目 录

第1章
导言

    本书精选了世界各国优秀的医疗建筑案例，通过对这些案例的深入分析，探讨了可持续设计（强调建筑的节能减排和材料循环利用）、循证设计（Evidence-based Design，EBD）、项目后评价（Post Project Evaluation，PPE）等设计理念和方法对医疗建筑环境设计的指导意义；在此基础上，提出了"综合学习环境"（Integrated Learning Environment）的概念，论证了这些设计理念的综合运用能力及其对医疗卫生领域的政策、机制的促进和创新作用。这些设计理论相互关联，并有机地融合在医疗建筑项目的场地评估、前期策划、设计优化和使用后评估等方面。

    书中围绕着几个重要的新兴问题展开讨论："循证"与"可持续"的定义、医疗机构集中式与分散式布局的对比、公共与私人部门参与管理的对比、国家标准与国际标准的区别、规范标准与绩效标准的不同、政府规范条例与机构自我管理的对比等，讨论了这些问题的产生和具体影响。值得注意的是，这些问题不是孤立分散的，而是需要结合整个医院的物理环境和运作模式进行综合性考虑，并且应在整个医疗建筑设计系统过程中结合供应商和其他组织形成一个连续的闭环，最终体现各环节的相关特点和各自优势。目前来看，全球范围内的医疗体系、各级医院建筑和康复环境之间的开发、设计、建造、管理都是独立的，这也造成了管理碎片化、工作量重复、设计流程繁琐、使用人员调配不均、各行业间出台大量条例而导致管理标准无法良好对接等问题。如何通过创新模式针对以上问题进行解决，需要从业者深度思考和创新。

    从当前少数医疗建筑规范的应用研究中可以发现，大部分技术性指导标准过于"规范化"。它们侧重于对物理环境健康影响度和安全性进行量化，通过去除相关干扰因素进行创新和试验，然而其缺点在于过分细节化和缺少时效性。因此，自20世纪60年代后期第一份医疗建筑设计规范在英国出版以来，近30年中约三分之二的规范类出版物并没有真正意义地促进整体医疗建筑设计品质的提升。

    部分场地规划标准、建筑设计规范存在着一定的教条主义，要求对标准或规范严格遵

M. Phiri and B. Chen, Sustainability and Evidence-Based Design in the Healthcare Estate, SpringerBriefs in Applied Sciences and Technology, DOI: 10.1007/978-3-642-39203-0_1, The Author(s) 2014

守、逐条完美呈现，这些看似无懈可击的做法，却有可能因为一个原因而显得黯淡无光：没有深入、完整地了解医疗建筑环境的实际使用者——医护人员和患者——的真正需求，这甚至会引发更多新的问题。在英国，设计人员通过对医生和患者需求与习惯的调查，有效地推进建筑设计的品质和设计指标的提升，同时避免了预算的超支和开发过程中的烦琐，也实现了设计方案在遵循医疗健康法规的同时设计过程不再冷漠。

无论发达国家还是发展中国家，简单易行的技术指导和辅助工具都是极其必要的。这能在提高项目开发的工作效率、优化建筑整体性能的同时，较好地控制建筑项目开发和后期维护的成本，避免了资金的浪费。此外，这些工具的另一优势在于，可以随时记录组织结构的调整、临床实践和流程技术性数据，并保持这些数据的时效性，与社会、市场发展保持一致步调。

本书所涉及的内容以及讨论的指导工具，在很大程度上反映了中国"十二五"规划（2011—2015年）中提出的医疗建筑发展蓝图和经济发展等要求。"十二五"规划中明确提出：优先考虑更加公平的财富分配政策；刺激国内消费；改进社会基础设施与社会保障措施，以此解决社会贫富分配不均的问题；为可持续发展创建更稳定的发展环境。此规划的关键主题之一：依据经济增长速度与投资规模，更加注重质量，而非数量。"十二五"规划期间要建造2万所新医院或医疗保健设施，并覆盖医疗行业的六大目标：

1. 加强公共医疗建设。例如，建造一个包含70%以上城市居民资料的电子医疗数据库；

2. 加强医疗服务网络建设；

3. 开发全面的医疗保险制度；

4. 改善药物供应系统（2011—2015年间，用于药物研究与开发的政府投资高达120亿人民币）；

5. 改革公立医院系统，鼓励现代化医院标准的创建和实践；

6. 支持中医发展。

中国政府宣布，计划三年内花费约7815.7亿人民币进行医疗体系的全面改革，其根本目标是：为农村数百万的居民提供基本的医疗保健服务（Liu et al. 2015）。2007年，哈佛大学的一项研究表明，尽管70%的中国人口居住在农村，但国内超过80%的公共医疗服务仍然只针对城市居民。计划中明确要求建立2000所县级医院、29000所乡镇医院及数以千计的小型诊所，并确保每个村庄至少拥有一间诊所（National Development and Reform Commission 2012）。

就公共医疗资金投入而言，中国远落后于发达国家，因此上述医疗体系改革对促进中国社会可持续发展而言是十分必要的。据世界卫生组织WHO的数据显示，2006年中国政府在公共卫生方面的人均投入为239.51元人民币，而美国政府的人均投入折合人民币19388元（图1.1）。

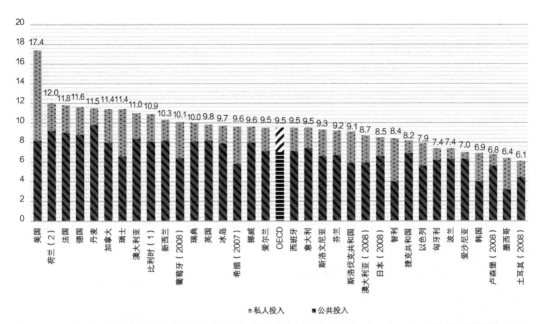

图1.1 2009年各国公共卫生投资总量[资料来源：经济合作与发展组织（OECD）2011年健康统计数据]。作为GDP一部分，2009年美国在国民公共卫生方面支出占总支出17.4%，比排名第二的荷兰（12%）与第三的法国（11.8%）高出约5%（http://dx.doi.org/10.1787/health_glance-2011-61-en）

　　本书的最终目的是为中国"十二五"规划中所提到的新建医院或医疗保健设施的规划、建造及后期运维管理等方面提供必要的参考，使之符合高建造标准、合理造价、后期完善维护管理等要求，促进整体开发水平的提高，打造一个有利于患者康复的新型可持续医疗环境。不仅如此，本书还旨在促进公众对医疗环境建造态度和文化的转变，指明当前设计和建造过程中存在的弊端，确保医疗产业的良好发展；将增加患者安全感、提高治疗效果和医护人员工作效率、改善用户满意度等元素有机地融入医疗环境设计中；并将现有的最佳实践效果进行记录，为未来医疗建筑环境的设计发展提供参考。

　　不同于中国常见的综合医院的庞大项目规模，2008—2010年间丹麦开发的医院项目均以中小型规模居多，共计38所，分别位于丹麦的德兰州（奥尔堡）、米迪兰特（维堡）、南丹麦（瓦埃勒）、西兰岛（索勒）和首都大区（希勒勒）等五个地区，这些项目均采用了最新的医院规划设计方式，即采用了与未来区域医护愿景一致的架构。新医院开发强调的主要原则包括：集中式布局（减少医院数量、减少高度专业化功能和急诊部门）与分散式布局（强调从治"已病"到"未病"的转化、强化全科医生角色功能，以及与当地市政当局合作）。现代化医院项目的重要目标包括：

- 良好的流线规划；
- 增强患者安全感（增加单人病房，从而控制交叉感染）；
- 通过新技术和创新手段形成更有效的医疗工作流程；
- 完善专科医院院内以及不同医院之间对患者、医护人员和设备等的高效运输；

- 医护人员合理的工作安排制度（包括 24 小时轮值、实验室、放射科等）；
- 合理安排医疗设备、扫描仪、实验室和 X 光放射等设备的使用；
- 行政单位和医技功能有效合并，提高工作效率。

在丹麦医院建筑项目开发组（Danish Hospital Building Programme）所介绍的用于打造现代化医院的条件中，一个显著特点是专家委员会——即由本国和周边国家（挪威和瑞典等）组成的 5 人专家小组。2008 年丹麦政府和地区间经济协议规定凡涉及医院建造和投资的问题，必须通过专家委员会的讨论。"专家委员会的作用主要是审查该地区的医院建设情况，并对这些项目是否完成预设的设计质量目标，以及资金使用情况和项目具体成果等问题向政府进行报告。"具体评价标准包括：① 医院规划标准：降低医院集中治理和住院治疗的消耗，采纳国家健康委员会关于急诊方面的建议，关注入院前从"治已病"到"防生病"的转变过程，加强与其他地区合作；② 建筑单体标准：编制医院建筑的新型建造模式，提出相应革新方案，建立从用户需求和医院使用率到建造面积和资金使用的整体规划，提高医院整体产出和运营效果（正式运营一年后产能效果提高 6%～8%）。

丹麦医院项目组同样意识到，在项目实际开发过程中地区间信息共享和知识互通的重要性。因此在 2010 年，丹麦地区发起了一个项目，其重心为医疗建筑开发过程中核心元素的收集和共享，旨在最终打造该地区独特的数据库。在适当情况下，各地区将联合起来，为项目建设提供共享解决方案。值得注意的是，医院建设中资源共享的实现主要依靠以下方面：① 医院建设的联合采购；② 药物的处理；③ 无菌产品的生产；④ 全生命周期的成本控制；⑤ 建造过程中的设备联合；⑥ 各病房类型的最佳实践方案；⑦ 最佳实践方案的宣传；⑧ 传输技术；⑨ 跟踪仪器、设备、患者与医护人员的交流；⑩ 患者交互的技术。

此外，其他信息共享行为包括：风险管理和容量计算讨论组；地区医院建设工作人员年会和医疗建筑项目联合信息工程自动化的创建；新医疗机构中员工的就职前培训以及之后的"效率带动效益"培训。而网站（www.godtsygehusbyggeri.dk）也有额外的信息分享：建筑项目框架和术语；建筑项目状态和构建流程图；建筑项目相关人员；项目信息共享；预计采购时间；相关会议和培训课程等。

本书共计六章。在第 1 章导言之后，第 2 章详细阐明了医疗建筑环境的设计方法和策略，阐述了可持续设计和循证设计的基本原理。第 3 章讨论了医疗场所的规划信息、技术指导和工具等，以此作为医疗建筑设计实现的前提，并对医疗保健计划信息、医疗机构概述系统和工具进行了综述，以此作为目前医疗建筑开发过程中新兴问题的检验基础；然后回答了在医疗建筑领域如何参考其他类型建筑设计规范和条款使用技术性指导工具的问题；阐述了包括概述系统在内的医疗规划信息的必要性、独特性和复杂性，从而有助于甄别并记录用户需求，指导医疗建筑从规划、设计、建造、到最终设施管理和运营的全周期。

第 4 章展示了世界各国医疗建筑的精选案例，包括英国、丹麦、美国、中国、澳大利亚和新加坡等地，这些案例将呈现循证设计和可持续设计等策略如何巧妙地应用在建筑设计中。该章的主要目的在于记录不同建筑的设计策略，将现有的经验和教训作为证据，以便更好地指导未来医院设计。例如，在中国广东省的顺德第一人民医院，作为医院建筑可持续性验证的试点工程，对可持续技术进行了探索和开发，并将这些资料作为未来医院设计的参考数据。该项目的最终目标，就是将先进的西方医疗理念有机地融合到中国本土项目实践中，打造一个创新的医疗设计环境，这也同时是该项目的最大挑战。该案例也在一定程度上反映出中国大规模引进外国先进的政策、规范和基础设施的难度。因此，根据当地情况定制的规范和工具，不仅可以清晰地展现出创新性医疗设计方法如何与当地情况紧密结合，同时也将操作过程中存在的问题暴露得一览无余。

第5章和第6章分别介绍了医疗建筑领域的新兴问题和全世界所面临的挑战。这些内容将有效协助医疗机构的开发、服务和管理等模式的研发与运行。本书所倡导的将可持续设计和循证设计融合应用的思路，也超越了对于循证设计或可持续设计的单方面研究，将逐步发展成为一门新型学科。

参考文献

Cama R (2009) Evidence-based healthcare design. Wiley, Hoboken. ISBN-10: 0470149426, ISBN-13: 9780470149423

China's 12th Five-Year Plan signifies a new phase in growth (Xinhua) (2012) Updated: 27 oct 2010, 10:38 http://www.chinadaily.com.cn/bizchina/2010-10/27/content_11463985. htm (Accessed 1 May 2012)

Guenther R, Vittori G (2007) Sustainable healthcare architecture. Wiley, Hoboken. ISBN-13: 9780471784043

Liu Y, Rao K, Hsiao WC (2003) Medical expenditure and rural impoverishment in China. J Health Popul Nutr 21(3): 216–222

McCullough C (ed) (2009) Evidence-based healthcare design. SIGMA Theta Tau international, Center for Nursing Press, ISBN-10: 1930538774, ISBN-13: 9781930538771

National development and reform commission (NDRC) People's Republic of China, (2012) The outline of the eleventh five-year plan for national economic & social development of the people's republic of China. http://en.ndrc.gov.cn/hot/t20060529_71334.htm (Accessed 1 May 2012)

第 2 章
设计方法与策略综述

2.1 可持续设计

可持续设计是全球范围内可持续发展理念所倡导的清洁生产、生态高效产业体系，以及全生命周期管理的重要组成因素。设计的可持续性拥有巨大潜力，在提高生产效率、产品质量、创造本地和出口市场机会，以及保护环境等方面均有着出色表现。可持续设计策略可有效地改变当前资源过度消耗的生产模式。

在全球范围内，30% 的材料使用、40% 的能源消耗及碳排放来自建筑领域。可持续建筑旨在系统性地降低这些指标，关注未来建筑领域的可持续发展，同时兼顾环境和经济双重效益。绿色设计策略可将对生物多样性的破坏降至最低，并可以有效减少空气和水污染、降低水资源消耗和能量使用、限制废弃物排放，同时提高整体生产力。

因此，医疗卫生领域需要有一个可衡量的目标，从而支持可持续发展，并使医疗系统能促进生态、经济、社会的和谐发展（图 2.1）。

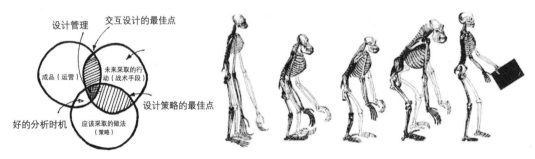

图 2.1　设计策略、战术和操作的内部关系（资料来源：Zurb Product Designer 2012）以及 ThinkPad 对联想的进化设计策略（资料来源：David Hill 2010）

可持续设计在医疗卫生领域是至关重要的，因为医院或其他公共卫生设施会对该区域的经济产生巨大影响，有时甚至可达到该区域整体经济收入的 20%。设计质量对建筑环境

M. Phiri and B. Chen, *Sustainability and Evidence-Based Design in the Healthcare Estate*, SpringerBriefs in Applied Sciences and Technology, DOI: 10.1007/978-3-642-39203-0_2, The Author(s) 2014

尤其重要，这不仅与经济发展有关，还与国家社会的日常运行紧密相连。医疗卫生系统的建设作为一个漫长且持续性的市政项目面临着巨大的挑战，其原因在于医疗环境不可避免地面临更新慢、现代化程度有待提高等缺点。

除此之外，医疗卫生建筑设计为建筑产业提供了值得借鉴的经验。医疗建筑作为参考案例，为可持续建筑设计提供了整体的解决方案，从而优化了当前能源供给和水资源管理等问题。医疗建筑是传统的耗能大户，因此加大对医疗设施的关注将有效实现资源和能源的可持续发展。

"人文、生态和经济"的三重底线，完美诠释了可持续发展、精益运维和可变空间之间的联系，以及其中联系是如何为三重底线构建更为坚实的基础。当前医疗卫生行业中可持续发展、精益运营和适度空间的状态清晰地解释了这些主题是如何促使人们在保护环境的同时，达到医疗卫生预期目标的。

2.2 循证医疗建筑设计

循证设计的定义是：基于当前最佳研究成果证据之上的设计。现阶段循证设计广泛应用于医疗建筑领域，并且大量实践证明，医疗建筑运用循证设计可有效改善患者和工作人员的健康、促进患者康复、减少患者压力，以及提高用户的使用安全感。循证设计强调严格的研究方法和可靠证据的重要性，以及数据对建筑设计品质和产出有着直接的影响。经验证，循证医疗设计在创造最佳医疗环境、支持家庭参与治疗、运用有效的员工绩效考核、减少员工压力等方面具有显著效果。善于运用循证设计的建筑师，加上了解设计策略的具体产出并积极配合的客户，有利于从研究和实践结果中选择最好的设计策略，从而创造出良好的建筑环境（Hamilton 2003）。

"循证设计"源自"循证医学"，即参考现阶段最具参考价值的医疗证据，然后做出决策，其目的是为患者创造更好的治疗环境。可靠的外部证据，来自当前医疗机构的相关临床研究等医学行为，通过患者在研究过程中各项表现获得最终临床实验数据。

外部证据使得原先公认的诊断测试和治疗方案是无效的。因此，要在接受传统的诊断测试和治疗方法之前，就要通过更夯实、更准确、更有效、更安全的新方法取代它们。如果脱离了现阶段的例证参考，那么设计就可能面临迅速过时的风险，甚至直接伤害到患者，因为随机测试很可能会误导我们，尤其是由于系统自身的问题而造成的错误。而恰恰是这些测试，变成了评价治疗效果是否有利的"黄金评判"标准（Sackett et al. 1996a）。同时，"循证医学"要求将个人临床专业知识与最佳案例进行结合（Sackett et al. 1996b；Sackett & Haynes 1996）。现阶段，在医疗建筑设计中，我们缺少可以对医疗卫生效果做出正确评估的组织，这是我们无法及时对证据进行更新的一个重要原因。

在医疗建筑设计中，"循证设计"的实现需要秉承一个基本事实：设计相关方需要在对目标和现实清晰把握的情况下，才能做出正确选择，从而使决策可以充分参考现有的最佳证据。

"循证设计"指导下的医院建设是一个全新的领域，并将指导未来医疗环境的设计、建造与运营。研究表明，精心设计的医疗设施在帮助医院治愈患者、为医护工作者提供舒心的工作环境过程中扮演着重要角色。这一发现强调改进一系列设计特性或合理介入干预措施的重要性，例如适宜的周围环境、适当的自然介入与日光照射等。近来，关于"循证医疗设计"的研究发展迅猛，医院建筑已确定能对医疗健康效果产生较大影响。大量研究表明，自然光、安静的周边环境和自然场景都将有利于缓解患者的压力，促进患者康复。"循证医疗建筑设计"关注的焦点从来不是肤浅地讨论医院的外在形象。

相关实验表明，"循证设计"策略和相应的干预措施，确实可以增加患者的安全感，改善治疗效果，提高医疗人员的工作效率，并提高患者、家庭、医生满意度。将"循证设计"原理付诸实践，医疗设计团队必须创造一个流程简单明了、运用新技术、重视设计元素的新环境，以期更好地实现"循证设计"目标。通过调整当前的实践，做出最佳选择，以灵活地适应未来。

1. *增强患者的安全感*。例如，通过安装特定的防滑地面和大型患者浴室，减少患者跌倒或其他意外伤害的可能性。研究结果表明，频繁的接触比自然空气传播更容易增加交叉感染概率，这强调了加强卫生安全设备和设置隔离区的必要性。单人病房、隔离区的设置可有效减少医院病房内交叉感染风险，进而提高患者的出院率（Emerson et al. 2012）；同时在病房、急诊室或医院其他区域采用高效微粒空气过滤系统，可以保护免疫系统较弱的患者；特定的抗菌地板、特殊材质的面料或一次性窗帘也可以有效减少细菌传播。同时，为进一步减少细菌传播，医护人员要求设置个人防护装备，包括病号服、面具或不同尺寸的消毒手套等，这可以为各间病房的患者或小规模病房提供便利，尤其是为负压病房提供更多床位（通常2~3个急症监护病房设置26~28个床位）。不管是否通过设计，"感染管控"策略都会影响患者的病房设计。其结果是，现在的病房设计通常可以做到通过覆盖"医疗供应车"或者"内置的护理服务器"来替代原始设备（例如枕头、毛毯或者衣柜等），这样可以在前一位患者出院后，下一位患者入住之前，更方便地去污和深层清洁，形成无缝对接，进而提高医疗效率。更加整洁空阔的病房可以支持患者适当的活动，这将有利于患者康复。相关设计还包括要减少物品（例如整体窗帘、玻璃窗口、玻璃屏幕或者门上的玻璃板等）表面细菌的滋长，病房里的家具或其他设备尤其需要注意。对已经被污染的物品，例如床单、病号服、手套、静脉注射器、面具和轮椅等，在患者使用之后一定要及时清理，避免在病房里放置太久。

使用后评估（Post-Occupancy Evaluation，POE）的案例显示，大多数患者在厕所、淋浴或者盥洗室周围活动时，都有跌倒的可能性。循证设计要求从病床到厕所的距离减少到最小值，同时安装一定量的手扶装备，例如移动便利的扶手杆等，来减少患者跌倒的可能性。

2. *改善治疗效果*。例如，在每两间病房之间设置分散式护理工作站，以确保顾及每一间病房，如此一来可提高观察的能力和效果。将与病房有关的用品和设备进行分散化处理，也可有效地减少护理人员获取这些用品时所需的步行时间。

　　建设适敏性病房，意味着允许患者在住院期间待在同一病房，这有助于医护人员根据患者的敏感性对人员编制进行调整，增加对患者的有效安置。这有效地减少了对患者的移动或转移次数，降低了护理团队之间的交接频率，从而减少了治疗延迟和失误概率。将医疗或外科（急性）护理到中期护理（疗后护理）再到特级护理（重症监护）进行结合，减少设备的重复使用，并为设备维护做好准备，这一切举措都将减少患者住院的时间（Hendrich et al. 2004）。适敏性病房也降低了在转移患者过程中由于操作不当而对患者造成的二次伤害，同时每间病房中的分散式家庭区允许并鼓励家人参与到治疗过程中，使患者在出院后可以得到持续性护理（图 2.2）。

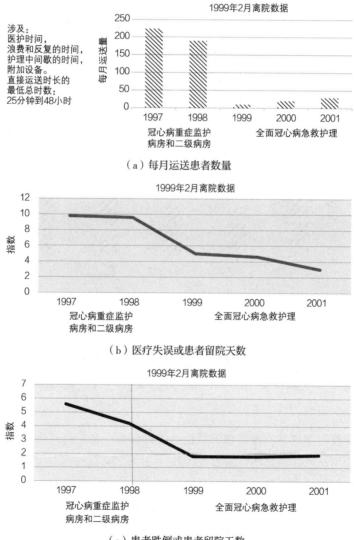

（a）每月运送患者数量

（b）医疗失误或患者留院天数

（c）患者跌倒或患者留院天数

图 2.2　适敏性病房整合影响：（a）患者月运送量降低了 90%；（b）医疗失误率降低了 70%；（c）患者跌倒的年指数降低。（资料来源：Hendrich et al. 2004）。（转载版权许可，2013年许可证号 3106940882460，源自美国重症护理护士协会，由版权清算中心提供）

根据脑外科医师协会的国家心脏病数据库（National Cardiac Database）中一项基于610名普通病患的连续病例研究，Emaminia等（2012）发现新型病床护理模式既方便又有效，这一发现促使患者在特护病房的居住时间减少，术后康复疗效得以改善，患者满意度增加，为患者与医院节省了较大开支。结果显示，通过降低特护病房通风时间，减少患者心房颤动和感染并发症的概率，与传统的住院模式相比，改善后的病床护理可节省更多费用。与区域性医疗中心相比，依据手术情况的不同，所有患者均可节省6200～9500美元费用；而独立调查显示，患者对护理的满意度也高达99%。

3. *提高患者、家属和员工的满意度*。例如：采用噪声控制设施，如吸声降噪材料，可以有效地缓解患者精神压力；也可依照"台上台下"的设计理念将来访者和员工使用的走廊及电梯隔开。这样便可减少病房周围的人流量，同时减少病房的噪声影响，给患者营造一个安静舒适的治疗环境（图2.3）。

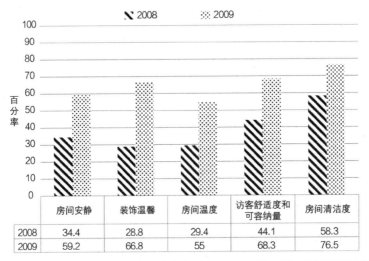

	房间安静	装饰温馨	房间温度	访客舒适度和可容纳量	房间清洁度
2008	34.4	28.8	29.4	44.1	58.3
2009	59.2	66.8	55	68.3	76.5

图2.3 患者在医院环境改变之前（2008年4至9月）和之后（2009年1至9月）对医疗卫生提供者和系统按"正常"和"非常好"标准进行的评估。安静和干净度的评价选项有：从来没有、有时、经常和一直。其他因素评价选项有非常欠缺、欠缺、一般、好和非常好。影响安静和干净因素的数据从2008年1至9月一直都有（资料来源：Trochelman et al. 2012）（转载版权许可，2013年许可证号3106940664127，源自美国重症护理护士协会，由版权清算中心提供）

单人病房允许母婴同室，在离窗户最近的地方设置一个家庭式区域并远离房间入口，由此医护人员便可从大厅清楚地看到患者状态。门口和病床之间是护理人员工作区域，这样的安排既可以保护患者隐私，也方便医护人员对患者进行治疗。如此设计，较大程度地允许了医护人员在谈论患者情况时，是面向着患者和家属的。将家庭区域设置到护理病房中，并配备沙发床、毛毯和枕头储藏柜等，可以避免重复设置集中化的家属等候区，并且确保家属直接在床边陪同患者。

个人温度控制系统允许患者在自己病房内将室内温度调节到自身合适的温度。使用后评估（POE）研究发现：如果不能很好地控制病房的照明和采光，容易增加患者的沮丧情绪。柔和的灯光和安抚性艺术品可有效缓解患者的躁动感，并可以适当转移患者的注意力，减少对药物的依赖性（Diette et al. 2003）。

4. *通过对治疗环境的营造改善医护人员和患者的体验感，开阔视野，增加接触自然的机会。*例如，如果病房和医生办公室的窗户可以毫无障碍地直接欣赏自然风光，阳光充足且可以一眼看到设计精巧、风景秀丽的治愈系公园，这不仅可以为患者提供安静舒适的自然环境，还可以获得更多的社会接触，增加患者隐私性，并且缓解患者与家属的压力感。调整病房的朝向可以增加阳光直射，而明亮的日光具有治疗效果，促进神经健康，降低患者疼痛度，减少住院天数和强烈镇痛剂的摄入量。相反地，光线昏暗的病房则容易扰乱患者的生理节律，造成持续低沉的心情，无法改善治疗（Walch et al. 2005；Figueiro et al. 2002；Heerwagen 1990）。

医疗设计应当满足患者每天与大自然亲切接触的需求，例如种植丰富的植被、鲜花、大树，设计合理的水源和路线曲折的公园等，这些都有助于为患者带来多感官的享受，同时也可以改善患者心情，减少治疗压力（Groeneweggen et al. 2006）。"人类天生热爱大自然"假说表明：人类作为一种物种，对自然环境、过程和模式反映强烈（Kellert et al. 2008；Kellert& Wilson 1993）。名为"绿色运动"的实验研究测试了受试者在跑步机跑步时的心理和生理的影响，结果发现，所有研究对象的生理结果均有所收益；然而观看宜人的自然场景（包括乡村和城市的自然景观）的受试者在自尊心方面要比控制组的受试者（只看城市景观或自然景观遭受破坏的农村景观）得分要高（Pretty et al. 2003 & 2005）。大自然总是在不断地变化，太阳、云彩、水、树叶、绿草，都按照它们自身的规律在运动，自然风可促进万物生长、变化和恢复，以及草木的出生、死亡和再生的循环都是受大自然的恩赐。了解自然环境和外部模式的变化对人身体变化的影响，是改善人类心理与身体状态的基础。

5. *通过通畅的、可识别的区域设置，满足医护人员或患者的预期效果。*例如，在完全熟悉地形之前，寻找道路是凭直觉的，因此，在医院入口处清晰地标注目的地十分重要，笔直的走廊更易于行走，且耗费的体力最少。医院内其他建筑、廊道和露天场所也应设计成简单明了的布局，并可以直接通过路线引导图、关键点标注等方法让人一目了然，这也是"场所意识"的体现。低效率的导航系统会使每个病床多耗费 448 美元，即每年增加 22 万美元的额外资金消耗（Brown et al. 1997），除此之外，医护人员为患者及家属指路花费的时间，每年也多消耗 4800 小时。

当前，在增加患者体验感方面出现了一个流行趋势，即在患者周围使用互动技术，提供覆盖全方位、多层次的服务和控制系统。这个系统在互动式体验中所提供的信息远远超出了"按需"网络所能提供的，如此一来可使患者很快接触到护理信息，这也为他们的康复过程提供技术支持。通过该技术，患者可以提交相关反馈并提出需求，这是高效临床工作流程的一部分。患者可以获取治疗信息和需要的医疗知识，并主动纳入康复流程中，进而对治疗进行配合支持。

提高患者满意度的基础目标是按需测量，采用定性方法，如小组讨论、访谈、调查、数据分析法等，然后持续跟进患者对医疗卫生服务的态度。这包括识别和判定患者的偏好和预期，进而为长期的质量改善打下基础。

6. *提高员工的工作效率和有效性*。鼓舞员工的士气和提高其工作积极性，对招聘和挽留人才都有重要影响，这一关键性因素可直接缓解医疗卫生行业员工短缺的现状。同时，提供布局相同的设置，可对以下因素产生作用：

A. 成本——镜像设计病房允许在多层医疗建筑中共享竖直管道，包括排水和通风。标准化要求下建筑的重复建设，所节省的费用通常会大大降低建造成本。

B. 证据——许多研究都致力于如何减少医疗失误，而医疗失误的发生往往牵扯诸多方面，并具有众多的影响因素，所以仅靠排除标准化的优势是完全不可能的（图2.4）。

C. 困惑——引入"同式房间"设计理念，加剧了大众对标准化优势的困惑和误解。同式房间构造相同，但并不意味着其是标准化的。

D. 差别——周围环境也无法用统一标准来衡量。建筑的布局与结构的变化，导致建筑机电和管道系统发生变化，从而与标准化发生冲突。"标准化"作为驱动设计前行的根本动力，在项目之初便需要加以明确。

E. 变化——改变长期以来运用的模式，如"镜像设计病房"这一理念，已深深融入多元设计流程和建筑消耗模式之中，因此很难做出改变。

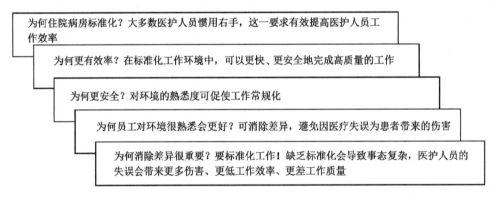

图2.4 医疗卫生领域实施标准化和精益原则已是势不可挡

7. *选择当今的最佳实践，灵活地应对未来*。通过设计一个包含模块化单元和标准化的、灵活可变的医院，以此通过获取发展和变化的能力来满足社区未来的医疗需求，并以最低的成本及时、准确地适应变化。实际上，建筑能力的确需要满足未来要求，以便通过以下举措可以达到预期的发展：

● 在未利用的建筑空间里融入更多设计元素，对未预料的需求做出及时反应，直到所有空间都被充分利用，并于随后进行更多的后续建设。

● 预留灵活可变的空置区域，允许所有部门短期内采取灵活的设计元素，如行政部门、办公部门和教育部门等，因为这些区域的设置要为未来项目的长期扩张服务，例如手术核心部门或影像科。

- 在更大型项目中除去所有楼层的外壳，以便适应健康医疗服务的增长和扩张，并确保重要科室相互毗邻，确保该循环模式维持下去。而具有多层壳体的建筑，可以在剥离之后得到更大化利用，从而实现土地的有效利用。

- 将空间灵活性设计纳入结构网格、楼层布局构造及房间（例如病房、手术中心、高度专业化的手术区域和普通区域）尺寸大小的规划之中，允许空间使用时在整个房间的全生命周期中可以随意变换，以满足新型技术要求，如未来核磁共振磁体、内部手术辐射理疗导向型屏蔽仪的需求等。同时，可将间隙面积扩大，以此实现空间灵活性要求，例如病房的缝隙宽度增加300毫米，并安装医疗气体、电力及低压系统与病床周围空间加以结合，以此满足不同设备和医疗活动需要。具有代表性的是全息适应性房间，可在18.6～27.9平方米（280～300NSF）的范围内进行灵活设计，并附加厕所和盥洗室。

- 检查与项目目标有关的其他设计，并对方案的整体效果进行审查，该设计基于工业方面的发展趋势、社区人口统计资料变化、经济发展形势、新出台的医疗建筑立法，以及医疗卫生机构的其他竞争者的情况等内容进行考量和审查。

Carthey等（2011）审查了五项案例研究的相关文献和项目文档，研究并记录了每个案例研究机构的关键适应性特征，并咨询了医疗机构人员的意见。评估表明，实现长期灵活性不仅需要外力协助，还要有足够宽阔的选址。沿水平交通干道（如"医院街道"）而建的低层医院大楼，还应具备建筑服务能力，增加医院的灵活性，满足医疗建筑今后的扩展需要，加速形成统一的、切实可行的计划网络，为标准化的病房建设提供技术支持。这项研究的结论展示了未来的研究需要评估较高地价对场地利用的影响，特别是在未来多层建筑的防护方面，以及如何更好地帮助医疗客户决定核实提供足够的灵活性（表2.1）。

灵活性的定义及其应用　　　　　　　　　　　　　　　　　　　　　　　表 2.1

焦点	管理方面的考虑	功能性要求	建筑系统
微观	*操作性* 易于重新配置，并对时间和成本的影响较低（如家具和内部装饰）	*适应性* 有能力适应当前运行状况，并改变操作习惯	*第三周期* 5到19年的生命期，不会对结构造成影响（如家具）
	策略 涉及基本建设费用方面的委托；改变难以复原（如手术室的设计，配备间隔楼层）	*可转换性* 灵活使用房间，允许其实现不同功能	*第二周期* 15到50年的生命期（如墙壁和顶棚，建筑的服务能力）
宏观	*战略性* 极大增加基础设施的寿命（如长期的拓展计划，未来向其他功能转变）	*可扩展性* 建筑物外壳扩展或收缩的能力，及增加或减少医院某些特定功能的能力	*第一周期* 50到100年的生命周期（如建筑物外壳）
资料来源	De Neufville et al. 2008	Pati et al. 2008	Kendall 2007

资料来源：Carthey et al. 2011。

Lu 和 Price（2011）将医疗空间的灵活性设计，看作是确保医院运行效率和成本效益的重要环节，并为医院科室和病房等医疗空间的可持续发展提出了相应的解决方案。在设计高质量医院时，应首先考虑的关键因素是对多功能空间的需求，以及空间的灵活性、标准化对患者安全感和医院运行效率的影响。

Barlow 等（2009）在对医疗设备的适应性和创新性研究后得出三个结论。第一，设计者和使用者之间的交流存在障碍，例如委托方和分包商之间关于特殊用途车辆的协商。因为合同安排的缘故，通常不仅无法及时有效地运行，而且容易被中断。过程中，对于设计者来说似乎需要面对两方顾客，一方是特殊用途的车辆及传统的顾客，而另一方是医院。第二，项目内部或项目之间的交接受到限制。委托方获取 PFI（私人融资）项目的经验是很少的。因此，亟需从历史经验中汲取教训，向 PFI 模式指导下的新型医院设计项目学习。PFI 模式对设计创新的激励作用并不明显。原先的系统在英国国家医疗服务体系（NHS）下显示出了很强的合作性。所有这些都为创新设计提供了经验教训：我们也必须对获取和传播知识做长远考虑。最后，对 NHS 的不断重组扼杀了创新思维的可能性，也阻碍了聚焦未来发展。NHS 所宣扬的概念集中在解决现阶段的需求上，而不顾及长远考虑。英国政府部门旧式的策略计划以及相关地方部门的工作已不再"满足"当前的医疗需要（表2.2）。

建筑楼层及对适应性和灵活性相关因素的设计考虑——"6S"体系（Diamond 2006；Brand 1994）　　　**表2.2**

6S	持续时间	中间变更情况	对适应性和灵活性的关键方面的考虑
1. 场地（Site）	永久，建筑外壳是唯一真正不变的	从建筑产权向场地范围和建筑时限变革和适应性转变	**位置和可到达性：**考虑在公共交通线路、便利设施、停车场附近选址。 **可供扩张的选择：**应考虑建筑对周边土地、毗邻或相近的土地和地产的扩张和利用，以及水平和垂直扩展的合理范围。 **总体规划：**进行总体设计以适应未来愿景，设计应允许以最小规模的建造实现未来扩张的需求（墙壁、顶棚、建筑服务能力方面的扩张）。设计过程要求对未来需求和生命周期成本加以预测，尽管这种设计面临的窘境是对未来不确定性所做出的反应。 **开发管制规划：**设计要指引现场的开发
2. 结构（Structure）	30～300年，但实际上不多于60年。抵制改变且适应缓慢	建筑类型范围：从临时到永久——具有快速变化的不确定性	**结构网络：**考虑模块化网络的使用，可以促进配置型房间和多功能建筑类型的协调发展。使用适宜且尺寸统一的建筑网络，并结合多种房屋设备的核心分配系统，这样可继续细分并重新配置，以对新兴且不断改变的目标和需求做出反应。 **承载能力：**楼层的设计要能承受大量的静荷载和大量的活动荷载，以及拥有牢固的结构基础，以便在后期建设更高的楼层。降低建筑的复杂性。 **开放式建筑：**设计要使建筑各因素间的冲突最小化（主系统：生命周期——50～100年的长期性投资；且不可更改）。 **紧急出口：**要设计疏散楼梯以及走廊宽度，以符合不同建筑类型最新的建筑规范和要求。 **整栋楼层的"壳体空间"：**（如地基和顶层）这样是为了确保将来仍可以保持重要科室相互毗邻、相互依赖、相互亲近并构成和谐的循环模式

6S	持续时间	中间变更情况	对适应性和灵活性的关键方面的考虑
3. 外观（Skin）	20年，更易改变	界定外观的方式，但对于我们当前来说，主要作用在于公众形象呈现	**墙壁、大门、窗户和镶玻璃装置：**设计和标准化连接组件，便于预制进度，使装配和拆卸更容易。 **动态基础架构：**考虑采用间隙楼层以提供适敏性医疗服务和技术。可移动拆卸式墙壁能快速立起或移动，从而可以解决重大而昂贵的改造问题。 **开放式建筑：**设计要使建筑各因素间的冲突最小化（辅助系统：生命周期——15～50年的中期性投资；且可调整）。独立的短期或长期组件
4. 服务（Services）	7～15年，不能很好地适应该领域快速变化	服务易于获得，并且可能远离建筑物外壳，对于灵活性和移动性有要求	**电器医疗和管道系统：**采用可持续能源，以减少能源消耗和长期成本。此外，采取相应措施减少水资源消耗及浪费，以满足不断增加的水资源的耐用性或资源弹性需求。 **暖通空调和电气系统：**采用额外容量设计（暖通空调的产能过剩达到20%，电力产出要多出30%）以满足日益增长的电力需求。 **开放式建筑：**设计要使建筑各因素间的冲突最小化（第三系统：生命周期——5～15年的短期投资；且具有可变性）。 **设备：**指定采用标准化设备，更易适应不同区域对功能灵活性的要求，或可以轻松更换。在尽可能的情况下使用便携式设备，以及设备需采用固定式设计，可让空间内的其他功能得到更大化的利用。 **家具：**指定采用个性化程度更低的家具，这样可以更易适应建筑的大部分空间，也可适应技术规格的要求（模块化系统），并易于移动或更换
5. 空间规划（Space Plan）	3～30年，如何重新布置周围的事物，是我们生活中一件有趣或舒适的事情	显著的增量成本——未来科技，不确定的可达性和移动性，空间需求，以及不确定的技术设备（或会趋于小尺寸，但却可能所需数量增多）	**房间设计：**采用通用型、标准化适敏性病房，及同样可控的、标准化尺寸的房间，并与模块化家具配置和存储能力相整合，实现病房功能的最大化，实现更广的用途。大型空间的设计要使其用途更多（如集体项目和活动），并为实现额外的灵活性而纳入房间隔断物和可移动式隔间。 **分区：**为改善内部循环，可采用独立且公共的诊断和治疗方面的职能机构，以保护患者的尊严和隐私。可采用"台上台下"的设计理念来将访客和员工走廊和楼梯分开。根据以下三点构建临床实验室：1）高度灵活性区域；2）中等程度灵活性区域；3）完全不灵活区域。 **扩展选择：**设计水平和竖直式循环模式，使未来愿景得到最大化实现。采用开放式走廊以使建筑往一个或更多方向进行扩展。竖直核心形式的室内路线也是模块化和"POD设备"设计的组成部分。 **特大型空间：**采用上述常规空间尺寸的设计，如将这些房间的净宽度增加300毫米，从而使患者头部周边留有富裕的操作空间，也使一些"即插即用"的设备（如医用气体、电源插座、通信和数据端口等）能更灵活地被兼容。 **提供未完成的小室或区域：**这在短期来看可适应所有部门"软"的简短或主要项目需求，例如行政、办公或教育部门，但这也注定作为未来长期"硬性"或"热门"项目的扩张，如外科手术核心部门、影像部门、手术室和重症监护病房等

6S	持续时间	中间变更情况	对适应性和灵活性的关键方面的考虑
6. 材料（Stuff）	一天到一个月。伴随时尚的变化而变化	强调"外壳和环境"。减少固定式风景，并强调流动性和适应性，如可移动设备	**面向多用户、多用途的医疗工作站：**考虑被推荐的模块化家具、可调整高度的桌子及可移动式家具，以便工作站在环境变化时可以及时拆掉或进行重新配置。 **行进距离：**考虑花费在行走上的时间（收集物资、配置计算机等）以及如何节省这些时间。 **患者偏好和价值观：**获取对椅子、枕头、垫子和其他日常用品或设备使用舒适度的反馈，以便及时对舒适度加以更新。例如，评估具有多个静脉导管、遥测线或其他缠结附件的患者椅子特征。 **开放式建筑：**设计要使建筑各因素间的冲突最小化（第三级系统：生命周期——5～15 年的短期投资；且具有可变性）。确保第三级系统易于维护并可单独更新

2.3　医疗卫生中的精益流程法

精益建造作为一种重要的整体性医疗卫生项目交付方法，就是要使价值最大化，并将浪费最小化，这是医疗卫生行业一种重要的设计方法。精益医疗和精益设计的相互结合，可成为持续做出高质量工程、减少资源浪费的有力工具。通过克服标准化过程中存在的障碍，标准化作业和流程中的精益化制造所带来的成效毋庸置疑（见图 2.4）。

Womack 等（1990）首次对精益化思维流程进行描述，随后 Womack 和 Jones（1996）又将其凝炼为五个精益化原则：

1. 对客户关注的价值进行详细阐述。
2. 识别每种产品的价值流用于评估，并注意到不创造价值但又不可避免的步骤。
3. 通过尽可能地压缩无效的不增值时间以建立持续的价值流动。
4. 在连续的步骤中按照客户的需求投入和产出，使用户精准地在他们需要的时间内得到需要的东西。
5. 尽善尽美的管理使服务顾客所需的步骤、时间和信息数量持续下降。

Spear 和 Bowen（1999）研究后列出了四条原则，这些原则显示了丰田公司如何将其所有的运营方式设置为实验，并向员工传授科学方法。第一条，对工人工作方式（日常活动）进行管理。第二条，关于员工之间的互动方式（连接）。第三条，涉及生产线构造方式（路径）。最后一条，关于工人如何通过学习来提高自身能力（持续改善）。依据这些规则设计的每一项活动、连接和生产方式都必须有内置测试，以便随时显示出存在的问题。正是对这些问题的持续响应，使这个看似僵化的系统变得灵活，能够适应不断变化的外部环境。

......要想剖析丰田公司的成功需要明确这个看似矛盾的原则：将严格的规范
看作是实现灵活性和创造性的关键因素。丰田在界定某一种规范时，其实是在建
立一种假设，并在之后的实践里加以验证。换句话说，丰田遵循了科学的运营方
式，采用了极其严格的问题解决流程，以适应改变。该流程需要对当前现状进行
仔细的评估，并制定相应的改善计划，这实际上针对"变化"而采取的实验性测
验。如果这种测试的严谨程度较低，那么丰田做出的改变和随机性的实验造成的
误差将不相上下，如同蒙着眼睛走过人生之路（Spear & Bowen 1999）。

参考工业领域借鉴过来的重要的基础性原则，可以得出这样一个结论：精益医疗和精
益设计在医疗卫生改革过程中扮演着同等重要的角色，这也是对低成本要求下质量改善
所做出的伟大改革和辅证。最终，所有这些意味着在下一个建筑项目中，就标准化做出
的决定将在建筑物保持正常运转的同时，对安全、成本、效率和标准化工作会产生积极
影响。

受精益流程的启发，瑞典儿科急诊部门在员工角色、人员配备和日程安排、沟通与协
调、专业知识、工作区布局以及问题解决方式等方面进行改变，在之后的两年内，在等待
和交货时间方面缩短了19%～24%，有效解决了过度拥挤和成本浪费问题（Mazzocato et al.
2012）。这些变化带来了相应的完善：（a）使工作标准化，并减少不明确性因素；（b）将相
互关联的人联系起来；（c）通过相应举措，增强无缝连接的工作流程；（d）赋予员工权力，
允许他们通过"科学的方法"审查问题并提出对策。同时还存在一些亟须提高的因素，包
括：工作任务与员工不匹配，限制和权限需要相应授权，被监视感和跨专业团队合作的不
适感等。

当精益化应用到医疗卫生规划、设计和运营时，会提高效率、生产力和效益，并促进
建筑观念的变革。除此之外，还能从内部的各个部门到整个组织程序进行优化；除了经济
效益外，与地理位置有关的各级人口、商品、信息和废物的流动状况也会得到改善。医疗
计划者、建筑师和其他专业人士在打造现代化医疗卫生设施时，目的是让医疗卫生服务可
以在特定的预算内，其功能得到最大化的发挥。但是在实际运行过程中难免会出现一些错
误，对系统流动性造成障碍，使医疗卫生服务中断，增加等待时间，造成了生产率的降低，
并且使医护人员及患者的满意度也相应降低。

将精益化应用于设施设计或临床扩建的总体规划、设计和运营方面，涉及定义、开发
和集成安全、高效、无浪费的运营流程，以此创造最有利的、尽可能以患者为中心的物理
环境（图2.5）。实时地向患者病房提供材料、供应和设备的精益方法与可以预测利用率的
电子库存跟踪系统集成，有助于减少库存量，并对每间病房实现最合理的库存管理，以此
减少建筑物的面积和建造成本。反之，减少每间病房设备储存室的面积，也可以减少前期
设备购买的费用。在减少建筑面积的同时，精益化过程理念还可以改善诊疗结果、降低运
营成本。

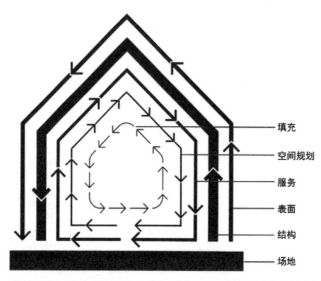

填充
空间规划
服务
表面
结构
场地

图 2.5 切面层变化：因为建筑组成部分变化的速率不同，使得一座建筑总是分崩离析（资料来源：Brand 1994；图像网址：http://blog.thoughtwax.com/2009/03/layers-of-change-in-ireland，2012 年 8 月 13 日访问）

2.4 项目后评估与使用后评估

项目后评估（Post-Project Evaluations，PPE），有时称为事后分析报告，是在项目完成之后对其进行评估，以此获取经验教训，为今后的项目提供借鉴作用。这些评估以书面形式记录了哪些方法卓有成效及其原因、观察任务完成的方式，并确定是否采用了最好的方法。如果经过评估后发现这一过程行之有效，那可在未来的项目中重复使用，充分发挥其优势。如果任务完成的不尽如人意，但是方法本可以在此基础上加以改善，那评估人员可以完整地罗列出哪些方面需加思考、分析和改进，以及如何在未来的项目中更好地使用。评估人员的任务就是明确如何完善与修正之前的行为，以及在下一个项目的应用中，如何使之产生最佳效果。从根本上来说，这样做是为了复制成功并避免失败。

使用后评估（POE）重视建筑完成后入住者的意见，因此它代表了使用者角度对建筑所做出的系统性评价，这套评估内容包括建筑满足使用者需求的程度高低、在使用过程中如何改善建筑设计，建筑性能和目的适用性的方式。因此，POE 能被用于多重目的，包括：新建筑的微调、开发新建筑，以及管理"问题"建筑。

建筑物使用后评估逐渐成为改善建筑质量、促进建筑节能以及确保建筑可持续发展的重要工具。自 20 世纪 90 年代以来，大量 POE 方法得以完善发展，它们的系统化应用展现了很大的发展潜力，不仅可以减少建筑过程中财务和环境成本对建筑的影响，还可以改善使用者生活质量，提高建筑使用者的舒适度和满意度。POE 通常包括所选建筑物使用者满意度调查、建筑能源使用情况分析、管理运营情况信息。

经过 Preiser 和 Vischer（2004）、Preiser（2002）、Lueder（1987）以及其他研究人员的

共同努力所形成的比较系统化的理论体系，为今后的研究人员了解 POE 的方法和目的奠定了基础，并在一定程度上为 POE 工具的使用奠定了理论基础。Preiser 早在 2002 年就对 POE 物理环境测量方式进行了总结，并最终由 Zeisel 于 2006 年进行了系统化总结。这一过程历时长久，难得的是，这些结论在今天仍具有巨大影响力。检测领域将标准化完善作为提高质量的基础，且重视程度自 20 世纪 80 年代以来逐渐增加。POE 在最初时，主要是对单一建筑案例进行研究，但是由于英国（Leaman & Bordass 2009）、美国（Environmental Protection Agency 2008；Center for Building Performance and Diagnostics 2012）、加拿大（Newsham & Veitch 2012）、德国（Federal Ministry of Economics & Technology 2009）、中国（Penn–Tsinghua TC Chan Centre 2012）的政府投资，使得 POE 正在朝着组合化、综合化的数据库评估方向发展。

总体来说，卡耐基·梅隆大学的建筑效能和诊断中心研发的国家环境评估工具包（NEAT）将可携带式工具与专家实地考察相结合（Kampschroer et al. 2009），并以此在工作场所创建了针对热能、视觉、听觉和空气质量方面的、相对稳健的基础评估，用以评估设备在个人和组织效率方面的灵活性。合成数据库意味着可采用很多统计方法去分析数据，包括基本描述统计、两次样本 t-test 检测、单向方差分析等。数据挖掘技术和多元回归分析还可以针对于工作环境的每一代研究假设来评测其效能。这些研究的某些结论在"为何居住者和设备管理人应积极采用工具型 POE"的争辩中作为例证使用。

使用后评估具有多元化价值，而非广泛的可持续发展目标，它为建筑使用者和资源管理者收回建筑物及其系统的控制权提供了机会，并实践出可行的技术和系统，且证明物理环境会影响健康和生产效率，并与投资回报率直接相关。POE 促使设计者和使用者意识到环境回报的重要价值，同时要赋予居住者足够的反馈权利，并适时地进行创新改变，以应对当今全球化的挑战（Loftness et al. 2009）。

医院中典型使用后评估的成本效益目录包括：操作和管理；能源和水资源；患者健康或恢复率；患者跌倒情况；医护人员的健康；员工流动率以及缺席出席情况；空床、换位或床铺的效益；废弃物成本和用药差错。

Lorch 在 2001 年对建筑和工程后入住审查（PROBE）进行了详尽的描述和评估。PROBE 设计了相关的观察技巧、能源调查方法和客户满意度调查问卷，因此被称为公共领域十分出色的 POE，具有很高的科学可信度，一般不会引起诉讼或技术争论。该研究包含一些案例，但数量还是不够，研究显示研究过程对建筑所有者、使用者和设计者的影响是长期性的。然而，如何说服整个建筑行业进行 POE 且长期坚持仍是问题。反馈系统不应仅仅是自上而下推行的，也应与项目实际操作中发生关联的系统相关，在这一点上的看法是毋庸置疑的。

新建筑规范要求对建筑能源进行评估，但如果没有用户满意度信息，新规范发挥的价值会很有限。一个需要讨论的问题是，与 POE 相关的用户调查需要进行到什么程度（Leaman & Bordass 2004；Markus 2004）。考虑到居住者的行为对能源效率可能会造成一定的影响，因此，对用户和居住者满意度进行调查是十分必要的（图 2.6）。

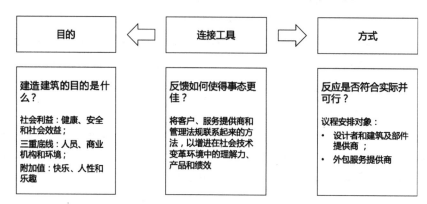

图 2.6 需要系统反馈以改善过程、产品和绩效

设菲尔德大学医疗研究小组对经验应用型反馈学习（LEAF）项目评估方法进行了完善（Lawson et al. 2003；Lawson & Phiri 2003；Phiri et al. 2001）。该框架对"流程"（Process）、"产品"（Product）和"性能"（Performance）进行了评估，这是资本项目在设计－建造－使用的三个阶段可能失败的三种方式。

在该框架之下，"流程"包含与资本项目采购有关的所有问题，包括时间和成本。流程评估需要审查项目团队如何有效协作，以及对调试、简报、设计和生产流程的评估，即与流程本身相关的度量方面评估。"产品"包括建筑组件和系统的物质性，而衡量建筑特点，对产品的评估则是从建筑、外壳和构造效益的相关要素入手，除此之外，还有能源目标的完成情况等。"性能"包括建筑物对顾客经营业务的影响。性能评估要求对建筑物满足业主和使用者对舒适度、安全性、便利度、私密性、外形及核心竞争力的能力进行评估（图 2.7）。

对于这些涉及项目后评估或使用后评估的办法来说，医疗行业提供了界限明确的目标或措施，但时效相对较短，这就为及时地得到反馈并从中总结经验教训提供有利条件。医疗卫生可提供合适的学习环境，从中总结出测量结果的影响机制，并开发出可以记录数据、评估安全和设计质量及对自身进行改善的工具。

项目后评估（PPE）系统的推广面临的主要挑战是如何开发出一套数据收集和分析系统，并让该系统成为绩效反馈平台。实际上，这意味着要生成年度绩效报告、报告卡和实时数据界面，以此为实现建筑绩效目标提供参考依据。

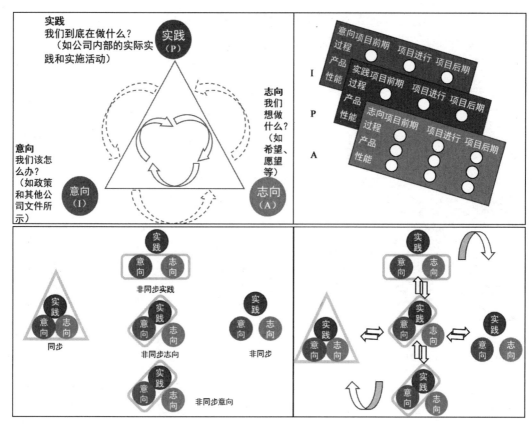

图 2.7 经验应用型反馈学习项目评估方法和矩阵：意向（I）、实践（P）和志向（A）之间的相互关系决定着组织中学习的状态（资料来源：Lawson et al. 2003；Lawson & Phiri 2003；Phiri et al. 2001）。在项目前期、项目中期和项目后期三个阶段对于设计—建造—入住的循环有三种可能失败的方式。（1）流程——与采购、委任简报、设计和建设方法有关的各个方面；（2）产品——与组件和系统的实际物理特征有关的各个方面，并在移交和他们一生循环的过程中完成，此外还包括他们实际满足所需规格的程度有关的方面；（3）性能——项目对顾客和使用者主营业务的影响有关的方面

2.5 模拟与分析建模

数学建模被越来越多的设计者利用，为设计决策提供参考，同时为医疗卫生系统实现高效服务提供帮助。分析建模意味着要直接对系统输入和输出之间的关系进行描述，并使用例如微积分和代数等数学方法解决问题。在模拟过程中，目标系统被分解为单独的组件，这些组件通过逻辑关系相互链接。每一组成部分的行为因为在实践中运用过，所以之后又被复制使用，而这一过程的实现通常需要使用计算机进行模拟。分析建模发展已经十分迅速了，计算机模拟在医院等复杂构造的公共设施建造中更是具有很大的灵活性。

仿真模型有很多不同类型，可以按照不同方式分类。其中一种模型就试图论证此模型的结论到底是确定性的，还是随机性的。确定性模型不包含任何随机的或概率性的组成部

分，一旦规定了输入参数则结果是确凿的。而随机模型则允许整体系统运作影响随机事件的发生。这种模型的研究重点是，确定模型究竟是连续的还是离散的。在连续时间模型中，系统被假设成可以随着时间不断改变。在离散事件模型中，事件被认为在特定时间发生（XJ Technologies 2012；Bengtsson 2011）（图2.8）。

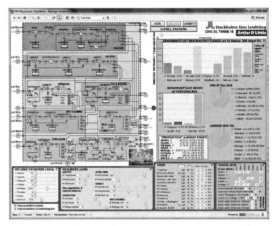

图2.8 可行的仿真演示模型举例——确定在建重要医院的运行平衡（资料来源：Stefan Bengtsson 2011；转载版权许可，2013年8月23日，由Anylogic授权转载版权）

计算机模拟已被广泛应用于调查静脉药物配置领域对占地面积的要求，以及预测重新设计的社区病房布局和工作系统是否可以在不增加等待时间的情况下，使患者咨询更便利等方面（Lin et al. 1996）。

医疗卫生服务供应商正在采用制造业和其他产业中的标准化方法，目的是提高医疗行业效能和效率。这受上涨成本、先进医疗方法、昂贵药物和保险政策以及人口迅速老龄化的困扰，这些正在稳步推动成本上升。基于这种情况，之前只关注人文关怀和人道主义的医疗卫生产业，现已把提高效率、降低成本、优化医疗服务质量作为行业发展的主题。值得一提的是，对医院和病房的设计与重置可以使治疗流程简单化，并将流动距离和行走时间以及治疗延迟最小化。对医生、护士和其他医护人员等关键因素进行整合，可以确定最佳的人员安排和时间表，帮助评估流程、识别障碍、开发权值并优化对设备的使用。同时，寻找这些任务的解决方式需要详细的分析和实验，而这恰恰是繁忙的医院所难以承受的。

建模及模拟可为各种不同的分析提供支持，而不需要昂贵和破坏性的现场演示实验和实物模型，包括医院和病房布局设计、医疗设备优化使用、医疗过程规划和优化以及制药过程优化和组合规划等。仿真建模可以轻松地在成本较低的情况下模拟多种方案，同时在模拟和布局重设中减少对医护人员和患者的打扰。因此，建模及模拟可以运用在更深层次的、相互依赖的组织内部和周围的建筑的评估和改善中。模型还可以模拟急诊科情况、艾滋病病毒扩散和注射器使用、流感扩散、酒精挥发动态，以及处理紧急护理和初级护理等情况，这些模拟促进了更加灵活的病房理念产生。成功的案例诸如XJ Technologies（2012）

公司的传染病动力学研究等，都证实了其适用范围广泛且行之有效。

2.6　提高质量的六西格玛方法

　　基于质量统计，每百万中有 3.4 个残次品，以这样的绩效水平作为进程目标，六西格玛方法（Six Sigma Approach）正被越来越多的医疗卫生机构使用，其最终目标是通过减少缺陷来提高整体质量。作为一种实践模式，六西格玛方法的核心就是要改善制造工艺和消除缺陷，这一理念诞生在 20 世纪 70 年代，是由摩托罗拉高级主管针对该公司质量低下、对缺陷记录缺失这一现状提出的。"缺陷"指的是在任何过程中，结果没有满足顾客要求，或者说会产生一种令顾客不满意的结果。而此处的"缺陷"对医疗卫生的服务质量也有严重影响，并且会增加成本、延长交付周期、降低质量。与摩托罗拉公司一样，六西格玛质量计划包含五个基本的步骤：定义、测量、分析、改善和控制（表 2.3）。

六西格玛五步改善法　　　　　　　　　　　　　　　　　　　　　　　　　　　　表 2.3

六西格玛五步改善法	
1. 定义（Define）	项目认定
	项目提议
	项目选择
2. 测量（Measure）	1）内部关键质量特性
	2）关键质量特性的操作化
	3）验证测量过程
3. 分析（Analyse）	4）确定过程性能
	5）确定项目目标
	6）识别潜在的影响因素
4. 改善（Improve）	7）选择最重要的影响因素
	8）确立关键质量特性和影响因素之间的关系
	9）设计改进措施
5. 控制（Control）	10）调整质量控制系统
	11）确定新工艺的性能
	12）项目结项

资料来源：Van den Heuvel et al. 2006, p. 395。

　　自 1998 年 3 月由美国联邦卫生公司首次成功应用以来，由于医疗保健行业内的成本、质量和法规压力不断增加，六西格玛方法吸引了越来越多医院的关注，他们急需一种更好的方法来降低成本，提高质量并实现长期学习结果。在此应用中，放射科的接待人数提高了 33%，而每项放射流程的成本却减少了 21.5%，并随后在 2002 年初对六西格玛方法进行了 90 万美元的投资，却节约了超过 250 万美元的成本（Van den Heuvel et al. 2005）。当荷兰比佛威克市红十字山医院在 ISO 9001：2000 质量管理体系中实施六西格玛提高效率时，这个拥有 384 张床的中型综合医院每年可节省 120 万欧元的成本（Van den Heuvel et al. 2005）。而事实证明，这种整合是有益的，因为六西格玛和 ISO 9001：2000 质量管理体系均聚焦在客户导向和数据驱动的基础上。

Van den Heuvel 等（2006）的研究为我们展示了三家不同医院对六西格玛方法的成功运用。新的设计理念为手术室设计了新的住院流程，优化了手术室的使用（2003 年 9 月—2004 年 7 月），并使得手术开始的时间平均提前了 9 分钟，这就意味着每年可多为 400 名患者做手术，节省款项净额超过 27.3 万美元。患者通过改用口服药物和减少静脉抗生素注射（2002 年 9 月—2004 年 12 月），每年仅药物治疗费用就节省 7.5 万美元。将分娩后住院时间（2004 年 3 月—2004 年 12 月）从 11.9 小时减少到 3.4 小时，每年可节省 6.8 万美元的成本。实践表明，六西格玛方法完全可用于设计新型医院，并通过考虑患者和物品的流动来重新规划现有的设施，指导设施规划和手术室、实验室和候诊室的布局，包括分析时间、接待人数以及其他因素，为患者、员工和访客提供方便。

2.7 设计策略的回顾总结

对设计策略的评估分为几个潜在的类别，分别体现在设计质量、可持续发展、用户承诺和效率等方面。

任何为长期运行效率提供的资金投入都是必要的，也是值得的，因为从整年医院运行来看，运维成本比所有前期投资还要高约 10 倍。

精益化作为一种用来提高质量和服务、减少浪费、缩小时间成本及提高整体组织效率的商业策略，在医疗卫生领域具有重要作用。采取精益化理念的首要目标就是降低成本，提高利润，优化设施和资源配置，提高利用率，保持竞争优势。

六西格玛作为业务改进的一种导向性策略和方法，其根本目的就是改善护理过程、减少浪费、降低医疗成本，并增加患者的满意度。

模拟建模是评估临床实践案例的一种方式，可对建筑环境、护理过程进行评估。例如，大多数急诊科通常面临以下几个问题：患者等待时间较长而造成的患者满意度低，甚至会造成患者对医护人员的暴力犯罪行为；患者缺乏隐私及尊严的维护；患者及其同行者因寻诊困难而造成的治疗效果低、治疗时间拉长等。虽然类似的情况主要原因还是医院设计的不足，但这完全可以通过后期弥补加以改善，以便医疗建筑可以提供更好的医疗服务。当然，所有这些都证明了经过精细设计的医院设施的确有助于改善患者护理和治疗效果。

纵观当前所有的研究工作，我们可以得出当前医疗卫生行业依然面临着建设高性能的医疗建筑和对商业案例进行使用后评估的巨大挑战。通过研究，我们得出了有关以下方面影响的有力证据：

1. 有窗户、可赏景，并有患者可根据自身情况调节的通风与光照系统，可以满足患者健康需求以及能源节约的诉求。与这种带有可调节窗户的墙体对人体和能源的影响相比，密封建筑的墙体对能源和健康成本的影响是不利的。

2. 声音干扰，包括总体的噪声水平和个人语音清晰度都对患者康复具有重要影响。工作场所的密闭性程度高，反而对个人生产力和员工离职率的影响较小。

3. 如果医护人员对室内温度和空气质量不满意，容易造成工作效率低下，以及设备管理成本上升和能源浪费。

项目后评估（PPE）对于吸取过去的经验教训、确保项目内部或项目之间高效知识转移来说，具有非常重要的作用。

而关键在于，"循证设计"作为一门新兴的学科，可以协助医疗卫生项目取得卓越成就，并改善医护人员和患者满意度（Cama 2009；FMET 2009；Hamilton & Shepley 2009；Hamilton & Watkins 2009；MaCullough 2009；Hamilton 2006 2008）。"循证设计"的目标是解决医疗卫生系统中存在的不足——例如无法正确识别患者的偏好，达不到理想的价值观和患者需求，无法以患者为中心作为专业化的驱动系统，资源和服务低效率、未充分使用或过度使用，低效率、非标准化病房使用方式，在认知不当情况下对病房面积、形状和位置的错误使用，以及对当前或预计的人口及其需求的认知不足而导致的健康资源分布不均等。因此"循证设计"根本目标在于说服决策者为医疗行业投入足够的时间、资本和资源，建设更优秀的医院，提供更完善的医疗卫生和社会保障设施，实现组合化的战略性商业利益。"循证设计"正是印证了"循证医疗"的根本目标——尽可能多地为每一次决策提供行之有效的参考与经验。

参考文献

Barlow J, Köberle-Gaiser M, Moss R, Stow D, Scher P, Noble A (2009) Adaptability and innovation in healthcare facilities: lessons from the past for future development. The Howard Goodman fellowship report, HaCIRIC, UK London

Bengtsson S (County of Stockholm) (2011), http://www.anylogic.com/areas/healthcare (Accessed 6 Aug 2012)

Brown B, Wright H, Brown C (1997) A post-occupancy evaluation of way finding in a pediatric hospital: research findings and implications for instruction. J Architectural Plann Res 14(1): 35–51

Brand S (1994) How buildings learn: what happens after they're built? Viking Press, New York

Cama R (2009) Evidence-based healthcare design. Wiley, New Jeresy. ISBN-10: 0470149426, ISBN-13: 9780470149423

Carthey J, Chow V, Jung Y-M, Mills S (2011) Flexibility: beyond the buzzword- practical findings from a systematic literature review, Health Environ Res Des J (HERD) 4(4): 89–108 Summer 2011

Center for Building Performance & Diagnostics (CBPD), School of Architecture, Carnegie Mellon University (2012) National Assessment Environmental Toolkit (NEAT), Available at: http://www.cmu.edu/architecture/research/cbpd/absic-cbpd.html (Accessed 30 Jul 2012)

de Neufville R, Lee YS, Scholtes S (2008) Flexibility in hospital infrastructure design. In: Paper presented at the IEEE conference on infrastructure systems, Rotterdam, Netherlands, pp 10–12, Nov 2008

Diamond S (2006) Rethinking hospital design, R&D project. Department of Health Estates & Facilities, UK

Diette GB, Lechtzin N, Haponik E, Devrotes A, Rubin HR (2003) Distraction therapy with nature sights and sounds reduces pain during flexible bronchoscopy: a complementary approach to routine analgesia. Chest 123(3): 941–948

Emaminia A, Corcoran PC, Siegenthaler MP, Means M, Rasmussen S, Krause L, LaPar DJ, Horvath KA (2012) The universal bed model for patient care improves outcome and lowers cost in cardiac surgery. J Thorac Cardiovasc Surg 143(2012): 475–481

Emerson CB, Eyzaguirre LM, Albrecht JS, Comer AC, Harris AD, Furuno JP (2012) Healthcareassociated infection and hospital readmission. Infect Control Hospital Epidemiol 33(6): 539–544, June 2012

Environment Protection Agency (EPA) (2008) Building assessment survey and evaluation study (BASE), US environmental protection agency. Available at: www.epa.gov/iaq/base/ (Accessed 29 July 2012)

Federal Ministry of Economics & Technology (FMET) (2009) EnBOP: energy-oriented operation optimisation. Available at: www.enob.info/en/research-areas/enbop/(Accessed 30 July 2012)

Figueiro MG, Rea MS, Stevens RG, Rea AC (2002) Daylight and productivity—a possible link to circadian regulation. In: Proceedings of light and human health: EPRI/LRO 5th international lighting research symposium, The lighting research office of the electric power research institute, Palo Alto, pp 185–193

Groeneweggen PP, van den Berg AE, de Vries S, Verheij RA (2006) Vitamin G: effects of green space on health, wellbeing and social safety. BMC Public Health 6(1): 149–159

Hamilton DK, Shepley MM (2009) Design for critical care: an evidence-based approach. Architectural Press (Elsevier), Oxford

Hamilton DK, Watkins DH (2009) Evidence-based design for multiple building types. Wiley, Hoboken

Hamilton KD (2008) Evidence is found in many domains. Health Environ Res Des J (HERD) 1(3): 5–6 Spring 2008

Hamilton DK (2006) Evidence-based design and the art of healing. In: Wagenaar C (ed) The architecture of hospitals. NAI Publications, Rotterdam, pp 271–280

Hamilton KD (2003) The four levels of evidence-based practice. Healthcare Des 3(4): 18–26

Heerwagen JD (1990) Affective functioning, light hunger and room brightness preferences. Environ Behav 22(5): 608–635

Hendrich AL, Fay J, Sorrells AK (2004) Effects of acuity-adaptable rooms on flow of patients and delivery of care. Am J Crit Care 13(1): 35–45

Kampschroer K, Loftness V, Aziz A et al (2009) National assessment environmental toolkit (NEAT): productivity protocols for the field evaluation of baseline environmental quality. Center for building performance & diagnostics (CBPD), School of Architecture, Carnegie Mellon University, Pittsburgh

Kellert SR, Heerwagen JH, Mador M (2008) Biophilic design: theory, science and practice. Wiley, New York

Kellert SR, Wilson EO (1993) The biophilia hypothesis. Island Press, Washington, DC, 1993

Kendall S (2007) Open building: designing change-ready hospitals. Healthcare Des 5: 27–33, 27 June 2007

Lawson BR, Bassanino M, Phiri M et al (2003) Intentions, practices and aspirations. Des Stud 24(4): 327–339

Lawson BR, Phiri M (2003) The architectural healthcare environment and its effects on patient health outcomes. London TSO ISBN 9780113224807 (Reprinted Jan 2004)

Leaman AJ, Bordass WT (2009) Post-occupancy review of buildings and their engineering (PROBE).

Available at: www.usablebuildings.co.uk/ (Accessed 2 August 2012)

Leaman AJ, Bordass WT (2004) Streamlining survey techniques. In: Proceedings of closing the loop, post-occupancy evaluation: the next steps conference, Windsor, Oxford Brookes University, Oxford, 19 Apr–2 May 2004

Lin ACC, Jang R, Sedani D et al (1996) Re-engineering a pharmacy work system and layout to facilitate patient counselling. Am J Health-Syst Pharm 53(1996): 1558–1564

Loftness V, Aziz A, Choi JH, Kampschroer K, Powell K, Atkinson M, Heerwagen J (2009) The value of post-occupancy evaluation for building occupants and facility managers. Intell Build Int 1(2009): 249–268. doi: 10.3763/inbi.2009.SI04

Lorch R (ed) (2001) Special issue on "post-occupancy evaluation". Build Res Inf 29(2): 79–174

Lueder R (1987) The ergonomics payoff. Wadsworth Publishing Co., New York

Lu J, Price ADF (2011) Dealing with a complexity through more robust approaches to the evidence-based design of healthcare facilities (guest editorial). Health Environ Res Des J (HERD) 4(4) Summer 2011

Pati D, Harvey T, Carson C (2008) Inpatient unit flexibility: design characteristics of a successful flexible unit. Environ Behav 40(2): 205–232

Penn-Tsinghua TC, Chan Center (2012) Building simulation and energy studies. Available at: http: //www. design.upenn.edu/facilities/resources-school (Accessed 30 July 2012)

Phiri M, Lawson BR, Bassanino M, Worthington J et al (2001) Learning from experience: applying systematic feedback to improve the briefing process in construction (Acronym LEAF). A report by the University of Sheffield, School of Architecture, Sheffield

Preiser W, Vischer J (2004) Assessing building performance. Butterworth-Heinemann, Oxford

Preiser W (2002) Learning from our buildings: a state-of-the-practice summary of postoccupancy evaluation. Federal Facilities Council, National Research Council, Ontario

Pretty J, Griffin M, Sellens M, Pretty C (2003) Green exercise: complementary roles of nature, exercise, and diet in physical and emotional wellbeing and implications for public health policy. In: Proceedings of CES occasional paper, 2003-1. Centre for environment & society, University of Essex, Colchester

Pretty J, Peacock J, Sellens M, Griffin M (2005) The mental and physical health outcomes of green exercise. J Environ Health Res 15(5): 319–337

Markus T (2004) How dirty can you get? In: Proceedings of closing the loop, post-occupancy evaluation: the next steps conference. Windsor, Oxford Brookes University, Oxford, 19 Apr–2 May 2004

Mazzocato P, Holden RJ, Brommels M, Aronsson H, Bäckman U, Elg M, Thor J (2012) How does lean work in emergency care? A case study of a lean-inspired intervention at the Astrid Lindgren Children's hospital, Stockholm, Sweden. BMC Health Serv Res 12:28

McCullough C (ed) (2009) Evidence-based healthcare design. SIGMA Theta Tau international, Center for nursing press, ISBN-10: 1930538774, ISBN-13: 9781930538771

Newsham G, Veitch J (2012) National research council (NRC) cost-effective open-plan environments project (COPE), Available at: www.nrc-cnrc.gc.ca/eng/projects/irc/cope/ reports.html. (Accessed 30 July 2012)

Sackett DL, Rosenberg WMC, Gray JAM, Haynes RB, Richardson WS (1996) Evidence based medicine. Br Med J (BMJ) 313(7050): 170–171, 20 Jul 1996

Sackett DL, Haynes RB (1996) Evidence based medicine. BMJ 312(7027): 380, 10 Feb 1996

Sackett DL, Rosenberg WMC, Gray JAM, Haynes RB, Richardson WS (1996) Evidence based medicine: what it is and what it isn't. BMJ 312(7023): 71–72, 13 Jan 1996

Spear SJ, Bowen HK (1999) Decoding the DNA of the toyota production system. Harvard Bus Rev, 1 Sep 1999

Trochelman K, Albert N, Spence J, Murray T, Slifcak E (2012) Patients and their families weigh in on evidence-based hospital design. Critical Care Nurse 32(1): e1–e10, Feb 2012

Van den Heuvel J, Does RJMM, Bogers AJJC, Berg M (2006) Joint Commission on J Qual Patient Saf 32(7): 393–399, July 2006

Van den Heuvel J, Does RJMM, Verver JPS (2005) Six sigma in healthcare: lessons learned from a hospital. Int J Six Sigma Competitive Advantage 1(4): 380–388

Walch JM, Rabin BS, Day R, Williams JN, Choi K, Kang JD (2005) The effect of sunlight on post-operative analgesic medication use: a prospective study of patients undergoing spinal surgery. Psychosom Med 67(2005): 153–156

Womack JP, Jones DT, Roos D (1990) The machine that changed the world. Free Press, ISBN: 978-0-7432-9979-4

Womack JP, Jones DT (1996) Lean thinking: banish waste and create wealth in your corporation. Free Press, Simon & Schuster Inc., New York

Zeisel J (2006) Inquiry by design: environment/behavior/neuroscience in architecture, interiors, landscape & planning. W.W. Norton Publisher, New York

XJ Technologies (2012) Executable demonstration model of an emergency department, http://www.xjtek.com/anylogic/demo_models_3d/ (Accessed 6 Aug 2012)

第 3 章

医疗技术指南、标准、规范与工具概观

3.1 研究背景介绍

鉴于医疗体系独有的特殊性和复杂性，因此，在医疗设施中加入相关基础系统的规划是非常必要的。这可以帮助医疗系统识别和记录用户需求，协助其完成标准化客户简介、设计、施工等，并对已完成的医疗设施进行监管。虽然在整个建筑行业中已经发展出了各种指南和工具，但是对于医疗建筑领域，仍要另外制定专门的技术指南及工具。

BIM（Building Information Modeling，建筑信息模型）的发展使 BIM Healthcare（BIM 医疗）成为可能。举例来说，BIM 医疗就是一套中央共享三维医疗图形信息库，可以简化设施的记录和展示设施，并且关联设备编号。例如，BIM 可以同时应用多套编号系统（如洗手池编号、吊饰编号、床头编号等），并且连接更多的产业（如稳定的活动数据库 /Revit 软件，或插座 / 桌子 / 椅子等），以满足医疗建筑中各种病房需求和不同种类的活动需求（如急性创伤、心理健康、妇科、儿科、老年疾病等）。相应的，医疗设施对医疗行业的发展也会产生重大的影响和改变。许多前沿的临床与医学研究很大程度上依赖于医院中高质量的研究环境。医疗项目对当地的经济与社会发展也起着至关重要的作用，对促进商业发展、增加就业、扩大当地社会技术基础、加强人口健康与增强社会凝聚力等方面也都具有重要意义。

已提出的设计质量标准和工具，例如设计质量指标（DQI）、卓越设计评估工具（AEDET）、医护人员与患者环境标定工具（ASPECT）等，不应该被视为彼此竞争的对手，而是彼此补充并相互发展的建筑环境评估方法，典型的例子有英国建筑研究院环境评估方法（BREEAM）、美国绿色建筑评估体系（LEED™）、德国可持续建筑评估（DGNB）和日本的建筑环境效率综合评价体系（CASBEE）等。设计指南和工具提供了一个可以在"设计－建造"周期中在变更成本过高之前，增加价值的机会（图 3.1）。

这种设计方法是对医疗建筑设计理念的进一步扩大分歧，究竟是对与设计质量相关美学的追求，这是基于法规和设计规范对建筑环境的精心设计和建造。McGlynn 和 Murrain（1994）

M. Phiri and B. Chen, Sustainability and Evidence–Based Design in the Healthcare Estate, SpringerBriefs in Applied Sciences and Technology,
DOI: 10.1007/978-3-642-39203-0_3, The Author(s) 2014

将技术特征与建筑属性分开讨论，这可以看作是建筑设计的一种艺术与技术的相关性探索。

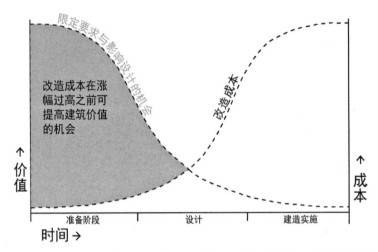

图 3.1 指南和工具提供了一个可以在"设计—建造"周期中在变更成本过高之前增加价值的机会

3.2 医疗建筑的环境评估方法与工具

自 1990 年《建筑研究院环境评估方法》（BREEAM）第一版发布以来，建筑环境评估领域日渐成熟，全球范围内建筑环境评估方法的数量快速增长。例如，英国的 BREEAM、美国的 LEED®、德国的 DGNB、日本的 CASBEE、澳大利亚的 NABERS 以及印度的 TGBRS 等，然而只有少数版本被世界广泛采用（图 3.2）。目前为止，英国的 BREEAM 和美国的 LEED™ 可以看作是世界不同国家和地区引入建筑评估方法的基础。

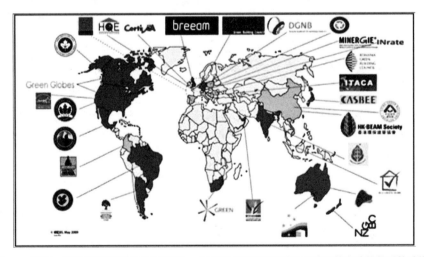

图 3.2 自 1990 以来，建筑环境评估领域日渐成熟，全球范围内使用的建筑环境评估方法的数量快速增长。尽管这些系统迅速推广，但是仍有很大提升空间，例如：提升评估体系沟通通畅度，以及在不增加复杂性的前提下提升外部建筑效应、全生命周期内经济和社会之间的利益兼容性等（转载版权许可，**Berardi 2011a, b**）

　　这些多标准的建筑环境评估方法将不同的建筑与建筑群划分等级，并进行排序。主要的参考标准是类似建筑中环境性能、建造方法与最终目标的相似性。通常情况下，一个成熟的建筑评估系统应当由几大主题组成：能源、水、选址、景观与室内环境质量。在大多数系统中，每个指标被赋予一个分值区间，用户需要给出一个确切的分数。为了获得市场认可和相关认证证书，获得推广机会并满足绿色建筑政策，用户通常需要付费使用这些系统（Brochner et al. 1999；Retzlaff 2010）。通过这种方式，多标准建筑环境评估方法理论已很大程度上变成大多数绿色建筑政策的基础和解决方案，用于解决诸如能源与水资源利用、雨洪管理与温室气体排放等环境问题。同时，它也有利于提高人们对建筑环境的预期，直接或间接地影响建筑的实际性能。Cole（2011）提出这些方法的影响一直集中在绿色建筑实践上，能够对建筑性能进行全面描述，并有助于重塑设计过程。

　　然而，这些建筑环境评估方法，从绿色建筑的原始概念到可持续建筑，正在挑战着研究人员评估方法的客观性和证据基础。Haapio 与 Viitaniemi 于 2008 年提出，很难针对这些方法和工具提出一种可行的比较方式。例如，这些工具用于评估不同类型的建筑物，强调全生命周期的不同阶段，然而除了环境方面，可持续建筑还包括经济和社会方面。因此，评估系统需要全面涵盖可持续设计所强调的环境、经济和社会问题，进而评估建筑的影响，并适用于建筑之外的、更广泛的范围，包括诸如选址、交通、规划设计、水资源利用以及相关的生命周期分析等特征（Hill & Bowen 1997；Cooper 1999；Olgyay & Herdt 2004；Cole 2005；Lutzendorf & Lorenz 2006；Kaatz et al. 2006；Turner 2006；Zhang et al. 2006）。例如，制定"全生命周期"策略，其中包括在建筑物的整个生命周期内优化资源利用并尽量减少垃圾废物。这意味着要收集全生命周期内成本核算的证据，并预计在连续维护中资源的使用情况，以及后续建筑物及其组件的再利用或回收情况。在建筑评估体系下，对各个项目的评分大多数是主观的，这导致人们呼吁建立客观的证据（Bowyer 2007）。

　　值得注意的是，不当的使用会使建筑评估系统失去意义。举例来说，盲目地"追求得分"——即在不考虑环境效益的情况下，在评估系统中以最低的成本寻求最多分数。但是反观比较成熟的 LEED™ 系统对新建建筑的评分（2.2 版本）中，对既有建筑进行再利用（成本非常高）可得一分的同时，使用低挥发性材料也可以得一分（相对便宜很多）。

　　评估体系需要与当地建筑法规和实践准则保持一致，因此需要针对不同国家政府提供与之相符的开发工具。有研究表明，当地的规范更适合当地的条件、传统与建造目的（Todd & Geissler 1999；Kohler 1999）。因此，在引进过程中，应当建议更多的利益相关者参与到评估过程中，并更广泛地参考当地的实际情况（Kaatz et al. 2005）。同时，评估体系更新的形式与范围，以及不同国家标准的在地特性，都已经成为建筑评价体系的重要因素。通过对建筑评估系统的研究发现，不同地区建筑规范之间的交叉对比受到很多问题的影响，例如出版信息、语言障碍、多样化标准、不同要求等，并且建筑咨询过程的机密性和内在价值则是数据收集和分析的主要障碍。从 1998 年开始实行由澳大利亚、比利时、丹麦、芬兰、法国、德国、荷兰、挪威、瑞典和英国等 15 个国家组成的建筑控制委员会（Institute of

Building Control）颁布的建筑评估规范，针对如下几个方面进行了信息对比研究：

1. 机械阻力与结构稳定性
2. 防火安全
3. 卫生、健康与环境
4. 使用安全（安全通道）
5. 噪声防护
6. 节约能源与保温
7. 无障碍通道与设施

如何遵从当地法规这一问题，不同国家、不同规范具有不同侧重点，而这些侧重点则需要在实际项目中实现。一些国家在建筑法规中并没有太多实质性的环境要求，例如，英国、美国、加拿大、澳大利亚和新西兰等。而有的国家则认为环境并非特别重要的因素，或者建议将环境因素留给其他法律法规解决。

对比 BREEAM、LEED®、CASBEE、GBTool、Green Globe® 以及意大利 SBC-ITACA 后发现，多标准体系通过选址、水资源利用、交通能源与能源使用等方面数据的支持，将能源效率视为最重要的评估指标（Berardi 2011a, b）（表 3.1，图 3.3）。这些体系相对于经济与社会因素，更注重环境影响。不仅如此，一些规范不仅权重划分不够明确、标准不完全统一，并且在一些情况下，某些加分标准也不科学，缺乏对全生命周期的考虑。同时，这些评估体系中的计算并不透明且不易被理解，在使用软件进行环境影响模拟评估时，不同的假设与边界条件又有可能造成结果与结论的改变。此外，评估系统的结构设置有时不容易被理解，建议在为这些系统分级时，允许多种可持续设计因素的存在（表 3.1）。

通过 BREEAM、LEED®、CASBEE、GB Tool、Green Globe® 和意大利 SBC-ITACA 的对比发现：多标准体系依赖于选址、水资源利用、交通、能源和能源数据的利用（转载版权许可，Berardi 2011a, b） 表 3.1

	LEED（%）	BREEAM（%）	CASBEE（%）	SB Tool（%）	Green Globes（%）	SBC–ITACA（%）	媒体评价
可持续选址	20	15	15	12.5	11.5	5	13.2
能源效率	25	25	20	21	36	26	25.4
水资源效率	7	5	2	0	10	9	5.5
材料与资源	19	10	13	0	10	17	11.5
室内空气质量（IEQ）	22	15	20	16.6	20	13	17.7
废弃物和污染	0	15	15	16.6	7.5	18	12
其他	7	15	15	33.3	5	12	14.6
综合	100	100	100	100	100	100	100

Fenner 与 Ryce（2008a，b）对比分析了在同一栋建筑中两个广泛运用的评价系统的表现（英国的 BREEAM，与加拿大绿色建筑委员会版的 LEED™）。他们发现，在分值分布上，

两个体系下的总得分都很高，但加拿大版的 LEED™ 较 BREEAM 而言更均等。在两个体系下，得分百分比最高的类别分别是水、能源和用户健康。这份研究表明，或许不同的评价体系的命名、应用方式与分级机制是不同的，但它们的相似点还是多于不同点，这就为我们提供了较广泛的类似评估（见图 3.3）。

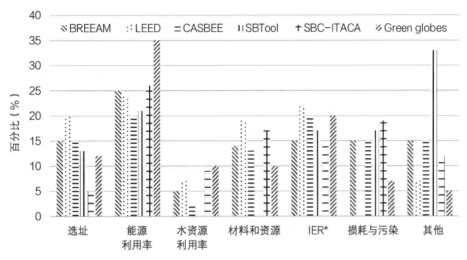

IER*：室内环境指数

图 3.3 通过 BREEAM、LEED®、CASBEE、GBTool、Green Globe® 和意大利 SBC-ITACA 的对比发现：多标准体系依赖于选址、水资源利用、交通、能源和能源数据的利用。对比六个可持续认证体系中七个类别的权重百分比可以看出，能源效率是最重要的指标。而设置的"其他"类别，用于将那些不适用于前六个类别的标准进行归类，例如管理和创新（转载版权许可，**Berardi 2011a, b**）

Fowler 和 Rauch（2006）在早期进行了一次可持续建筑评价系统的研究，并基于以下因素给出了一个更全面的比较分析：

1. 适用性（项目类型，例如新建建筑、主体改造、租户装修运行维护；建筑种类，例如办公楼、法院、边境站）（图 3.4）；

2. 发展程度（管理系统，例如政府、私人企业、非政府组织；发展性质，基金或运营策略；发展路径，例如共识、生命周期分析、专家意见）（图 3.5，图 3.6）；

3. 可行性（成本、易用性与产品支持、操作开放性与透明度）（图 3.7）；

4. 评价系统成熟度（评价系统年限：何时建立，首次使用时间，首次向公众开放时间，以及最新版本发布时间等；参与并完成绿色建筑评价的建筑数量；评价系统在实施使用过程中的稳定性，如开发、测试、审核、系统升级、修订和修订频率等）（图 3.8）；

5. 技术内容（与可持续性、周密性和相关机制关联的基准，这些基准专门用于选址、能源、水、产品、室内环境质量、运营和维护等方面进行基准测试）（图 3.9）；

6. 可测量性（测量比较，标准化与量化）（图 3.10）；

7. 验证（文档，证明／验证过程）（图 3.11）；

8. 可交互性（清晰度、多功能性与可比性）（图 3.4～图 3.13）。

34 | 医院建筑的可持续与循证设计

	适用性（项目和建筑的类型）						
	项目类型				建筑类型		
	新建建筑	主体改造	租赁扩建	运行维护	办公建筑	法院大楼	边境站
BREEAM	√	√	—	√	√	√	√
CASBEE	√	√	—	√	√	√	√
GBTool	√	√	—	Φ	√	√	√
Green Globes US	√	Φ	Φ	Φ	√	√	√
LEED	√	√	√	√	√	√	√

注：√＝适用；Φ＝开发中；—＝不适用；√/—＝有条件适用；（空白）＝信息不全；N/A＝不参评。

图 3.4　可持续建筑认证体系的适用性（项目和建筑类型）（资料来源：Fowler & Rauch 2006）

	发展程度（体系管理和发展路径）					
	体系管理			发展路径		
	政府	私有行业	非政府组织	基于共识	生命周期分析	基于专家意见
BREEAM		√	√			
CASBEE	√/—	√	√	√	√/—	√
GBTool	√	—	√	√	√	√
Green Globes US	√/—	√	√	Φ	√/—	√
LEED	√	√	√	√	Φ	√

注：√＝适用；Φ＝开发中；—＝不适用；√/—＝有条件适用；（空白）＝信息不全；N/A＝不参评。

图 3.5　可持续建筑认证体系的发展程度（体系管理和发展路径）（资料来源：Fowler & Rauch 2006）

	可行性（成本、易用性＋产品支持）							
	成本			产品支持				
	项目注册费	认证费	申请所需时间	案例研究	疑问记录	问答	是否有培训	是否有英文版
BREEAM		每阶段$1290			—		—	√
CASBEE	0	$3570~$4500	3~7天	√	√/—	√/—	√	√/—
GBTool	N/A	N/A		√	—		—	√
Green Globes US	$500	平均$4000	5~7天	√		√	√/—	√
LEED	$450	$1250~$17500	7周	√	√	√	√	√

注：√＝适用；Φ＝开发中；—＝不适用；√/—＝有条件适用；（空白）＝信息不全；N/A＝不参评。

图 3.6　可持续建筑认证体系的可行性（成本和易用性）（资料来源：Fowler & Rauch 2006）

	可行性（操作感和透明度）		
	操作感	透明度	
	会员数量	有多少可公开信息？	网上没有的信息的可得性（如何获得？）
BREEAM		预评估清单	电子邮箱地址
CASBEE	√	认证体系和手册	电子邮箱索取
GBTool	超过 34 个国家	所有材料	—
Green Globes US	31 个赞助商 / 付费机构，5700 个免费个人会员	认证体系、网络直播、测试和常见问题	联系表格和电子邮箱地址
LEED	超过 6000 个付费会员组织	认证体系、得分卡、分值解释、应用指南和常见问题	电子邮箱索取、美国建筑协会当地 / 区域部门文件

注：√＝适用；Φ＝开发中；—＝不适用；√/—＝有条件适用；（空白）＝信息不全；N/A＝不参评。

图 3.7 可持续建筑认证体系的可行性（操作感和透明度）（资料来源：Fowler & Rauch 2006）

	系统成熟度（体系年龄、建筑数量＋系统稳定性）						
	体系年龄（年份）			建筑数量		系统稳定性	
	成立	开始使用	最新版本	登记的	已完成的	测试 & 开发	系统校订
BREEAM	1990	1990	2005		600＋	√	√
CASBEE	2001	2002	2005		7	√	√/—
GBTool	1996	1998	2005			√	√
Green Globes US	2004	2005	2006	63	4	Φ	Φ
LEED	1998	1998	2005	＞3400	＞400	√	√

注：√＝适用；Φ＝开发中；——＝不适用；√/—＝有条件适用；（空白）＝信息不全；N/A＝不参评。

图 3.8 可持续建筑认证体系的系统成熟度（体系年龄、建筑数量＋系统稳定性）（资料来源：Fowler & Rauch 2006）

	技术内容（选址、能源、水、产品、室内环境质量、运营与维护和其他）						
	优化场地潜能	降低能耗	水资源保护和利用	使用环境友好型产品	提高室内环境质量	优化运营和维护过程	其他
BREEAM	15%	25%	5%	10%	15%	15%	15%
CASBEE	15%	20%	2%	13%	20%	15%	15%
GBTool	15% 12.5%	25% 20.8%			15% 16.7%	15% 16.6%	30% 33.4%
Green Globes US	11.5%	36%	10%	10%	20%		12.5%
LEED	20%	25%	7%	19%	22%		7%

注：√＝适用；Φ＝开发中；——＝不适用；√/—＝有条件适用；（空白）＝信息不全；N/A＝不参评。

图 3.9 可持续建筑认证体系的技术内容（选址、能源、水、产品、室内环境质量、运营与维护及其他）（资料来源：Fowler & Rauch 2006）

	可测量性（测量比较，标准化与量化）			
	测量比较		标准化	量化
	标杆	清单	已确定的过程采集	数字化测量
BREEAM	—	√		√
CASBEE	√		√	√
GBTool	√		√	√/—
Green Globes US	√	√	√/—	√
LEED	√	√	√	√

注：√=适用；Φ=开发中；—=不适用；√/—=有条件适用；（空白）=信息不全；N/A=不参评。

图 3.10　可持续建筑认证体系的可测量性（测量比较，标准化与量化）（资料来源：Fowler & Rauch 2006）

	验证（文档，证明/验证过程）				
	体系管理		发展路径		
	形式	在项目的什么阶段?	检查的细致程度	第三方	评审员资格
BREEAM			文件证据的详细评估	√	由 BRE 培训和颁发执照的人员
CASBEE	在线 Excel 表格	初步设计、设计和完成	根据所采用的评估工具来定，要求进行文件审查	√	参加过培训且必须通过评审员考试。必须是质量一级建筑师
GBTool	在线 Excel 表格	设计完成后	N/A	—	N/A
Green Globes US	在线工具	方案设计、施工、文件编制 & 场地视察	文件审查和现场视察	√	Φ
LEED	在线和/或纸质复印件	设计审查、施工审查	行政和分值审计	√	参加过培训，且必须通过评审员考试

注：√=适用；Φ=开发中；—=不适用；√/—=有条件适用；（空白）=信息不全；N/A=不参评。

图 3.11　可持续建筑认证体系的验证（文档和验证过程）（资料来源：Fowler & Rauch 2006）

	可交互性（清晰＋多功能性）			
	清晰度			多功能性
	定义明确	易于交流结果	过程 & 认证体系信息清晰易懂	发展的基础
BREEAM	√	√	—	12
CASBEE	√	√	√/—	1
GBTool	√	—	—	5
Green Globes US	√/—	√		0
LEED	√	√	√	10

注：√=适用；Φ=开发中；—=不适用；√/—=有条件适用；（空白）=信息不全；N/A=不参评。

图 3.12　可持续建筑认证体系的可交互性（清晰度和多功能性）（资料来源：Fowler & Rauch 2006）

	可交互性（多种建筑类型、位置、年限和不同可持续设计特点之间的对比）	
	结果描述	结果证明
BREEAM	通过（25%），良好（40%），很好（55%），优秀（70%），杰出（85%）	证书
CASBEE	"蛛网"示意图、柱状图和建筑能效图	证书和网上公示结果
GBTool	大量详细的柱状图	N/A
Green Globes US	从1到4的金球奖（1＝35%~54%，2＝55%~69%，3＝70%~84%，4＝+85%）	牌匾、报告和研究案例
LEED	认证级（40%），银级（50%），金级（60%），铂金级（80%）	获奖信、证书和牌匾

注：√＝适用；Φ＝开发中；—＝不适用；√/—＝有条件适用；（空白）＝信息不全；N/A＝不参评。

图 3.13 可持续建筑认证体系的可交互性（多种建筑类型、位置、年限和不同可持续设计特点之间的对比）（资料来源：Fowler & Rauch 2006）

尽管 2009 年成立了可持续建筑联盟（Sustainable Building Alliance），以提供通用的评估类别并提高系统的可比性，但在实际操作过程中，不同的评估系统之间仍然存在着差异。可持续建筑联盟于 2009 年出版了核心评估指标，其中包含能源、水、碳排放、废物、室内空气质量以及热舒适度六个因素，但是并未起到实质性作用。虽然如此，这个统一的评估构架也为超过 600 个不同种类的评级系统提供了基准，并广泛促进了评估系统之间的比较，同时，将建筑评估工具与操作者 / 验证者、标准制定组织、国家建筑研究中心、主要的房地产利益相关者等多元主体整合在了一起。通过建筑性能评估指标的共享和推广，可持续建筑联盟加快了可持续建筑的实践。

在医疗保健领域，准则、评级体系、准则和标准的泛滥，例如在美国——Green Globes® CIEB for Health Care、LEED HC®–HC、*2014 Guidelines for Design and Construction for Health Care Facilities*®（《2014 年版医疗设施设计和建设指南》）、*Senior Living Sustainability Guide*®（《高级生活可持续性指南》）、*ASHRAE 189.2 Design, Construction and Operation of Sustainable High Performance Health Care Facilities*（《可持续高性能医疗保健设施的设计、建造和运营》）以及 *International Green Code*（《国际绿色法规》），对于专业人员和新手来说都是压倒性的，迫切需要将标准体系清晰化。通过其他医疗规范与可持续建筑评级系统相对比发现，可持续建筑评级体系实际上是一种自愿执行的标准，因此，医疗指南与规范存在一定的特殊性和复杂性。

除了解决评价体系的对比困难外，另一个通过评分对比而得出的重要结论是，该系统可基于全生命周期的、更全面的定性评估方法，作为平台来为建筑性能反馈提供数据收集和分析。这意味着，应当在实践中开发标准化性能报告，作为平台形成报告文档和收集实时数据，以达到建筑性能的最终目标。评估体系必须领先于常规分值条目（例如选址、交通、水、热岛效应、能源和大气等），不仅进行全生命周期考量，而且注重建筑与新能源的一体化。越来越多的证据表明，建筑运行能源的零碳化排放已经成为未来可持续建筑的紧迫需求。

评估体系的应用需随时为建筑趋势与特性分析提供数据参考，并为可持续环境评估的学习提供经验教训。Berardi（2011a, b）的研究和美国绿色建筑委员会建筑认证数据库均验证了这一方法的科学性。

3.3 建筑研究院环境评估方法（BREEAM），英国

受英国卫生部与威尔士卫生局委托，BREEAM 的医疗建筑版本取代了 NEAT（National Health Service Environmental Assessment Tool）工具，成为英国医疗建筑首选的环境评价和认证方法。从 2008 年 7 月 1 日开始，英国卫生部便要求在基本计划的大纲和完整业务案例中，所有的新建医疗建筑必须达到 BREEAM 评估体系的"优秀"（Excellent）级别，而既有建筑则要达到"很好"（Very Good）认证级别。BREEAM 医疗建筑体系（BREEAM Healthcare）（2008）成功地应对了可持续发展要求所提出的新变化和新挑战，满足了 NHS 提高建筑环境性能的需求，同时实现了能源节约利用以及废弃物管理等目标。

BREEAM 的医疗建筑体系主要用于评估医疗建筑全生命周期的整体发展，包括教学医院、普通医院、社区医院、心理健康医院、医疗中心等建筑类型，这套体系是一套全周期评估体系，既包括设计阶段也包括使用阶段。针对不同的评估类别，主要分为 10 类：

1. 管理：整体管理方针、现场管理与操作程序；
2. 能源使用：能源使用率与二氧化碳排放问题；
3. 健康：影响健康的室内外因素；
4. 污染：空气与水污染问题；
5. 交通：交通和地理位置相关的 CO_2 排放问题；
6. 用地：未开发场地与棕地利用；
7. 生态：场地生态的恢复与提升；
8. 材料：建筑材料全生命周期内产生的环境影响；
9. 水：消耗与利用率；
10. 创新。

而 BREEAM 的主要计算方法，则是根据建筑的实际性能获得相关得分，通过加权后得到类别总分。分值和权重来自行业内专家的一致意见，因此评估体系并不提供绝对的标准，也非完全客观。虽然在评估体系中设置的一系列指标有时可能与可持续建筑的功能性要求违背，但这些指标可以用来帮助核对 BREEAM 体系中某些社会稳定性成分。BREEAM 设置了 11 个建筑类型，以达到满分的百分比作为认证级别的划分基准：25% 为"通过"（Pass）、40% 为"良好"（Good）、55% 为"很好"（Very Good）、70% 为"优秀"（Excellent）、85% 为"杰出"（Outstanding）。

在 BREEAM 医疗建筑体系的实际应用中，项目周期的各个阶段都会出现一些问题，尤其是在设计到施工后阶段。除此以外，预评估有时候不仅不能及时地发挥有效的指导作用，又或在实际项目中得不到实施，导致可持续建筑不达标，进而造成竣工后审查评估很难进行。Capper 等人（2004）的研究还发现了一个普遍性问题：当一个项目的评估认证级别较高时，施工团队的工作会受到设计团队的制约（图 3.14）。

图 3.14 BREEAM 认证流程

另一个问题是，竣工后的审查评估仅根据"施工图纸"就可以完成，不需要审查实际的医疗设施情况。因此，最终得出的评估结果并不能真实反映建筑性能。此外，尽管通过应用 BREEAM 医疗建筑体系（2008）获得的总积分最多达到110分，但新建筑的评级为"优秀"（110分中得到70分）和翻新建筑的评级为"很好"（110分中得到55分）尽管是强制性的，但这并不足以保证能够创造高质量的绿色医疗保健设施。

与其他建筑评级系统一样，为了提供一个更全面的建筑评估方法体系，BREEAM 直接或间接地参考了国家级的技术指南、建筑规范、标准与方法，包括现行的建筑规范、BSRIA 标准、医疗技术备忘录（HTMs）、生命周期成本（LCC）、生命周期评估（LCA）、DQI、ASPECT 与 AEDET Evolution 等。此外还有医疗建筑指南（Health Building Notes, HBNs）——为医疗建筑设计提供了一个切入点，从而明确 BREEAM 在实际应用中的作用和方法。然而，这个综合性方法反映了发展中存在的潜在趋势——"不同技术构架下利益相关者之间的相互指责"正在逐渐转变为一种"建设性的对话"，而这一现象在子系统 LCC 和 LCA 的应用中尤其明显（Dammann & Elle 2006, p.399）。问题同样也发生在从医疗哲理到循证设计方面的其他方法与应用中。尽管如此，自从 BREEAM 医疗建筑体系将节约能源与减少二氧化碳排放作为评估重点时，那些循证设计策略相对于环境因素，就显得不那么重要了。此外，造成这些问题的主要原因是建筑的设计与施工过程中过分自由化，并不完全考虑 BREEAM 体系的认证。解决问题的关键是，从 BREEAM 体系研究中寻找确切的证据，来证实评估系统确实对人体健康有益，进而促进循证设计的基础建设及发展。

像其他认证方法一样，BREEAM 体系有一个强大的数据收集和分析系统，包括监测和验证环节在内，为更完善的全生命周期评估方法提供了一个性能反馈平台。

3.4 美国绿色建筑评估体系（LEED），美国

LEED™系统（Leadership in Energy and Environmental Design）由美国绿色建筑委员会（US Green Building Council）于1998年开发，旨在为业主和使用者提供一个简洁的框架，对绿色建筑的设计、施工及运行和维护进行测量分析。LEED™是一个针对高性能绿色建筑、以"自愿"为原则的环境评估方法，其中包括了一整套从建筑设计、施工到运行和维护全方面的评估系统。其目标是：评估建筑全生命周期内的环境性能，提供一个建造"绿色建筑"的权威标准。Rainwater（2008）认为"截至目前，世界范围内应用最广泛的建筑评估系统是美国绿色建筑委员会的LEED™认证系统"。2003年，加拿大绿色建筑委员会建立了LEED加拿大体系（图3.15）。

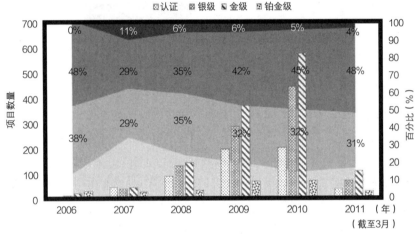

图3.15　2006—2011年LEED™认证百分比情况，包含美国之外的地区在内的3300个LEED™认证项目。研究发现，LEED™铂金级项目仍然比较稀少，获得最多的认证级分别是银级和金级（资料来源：Chris Pyke, U.S. Green Building Council）

LEED™认证工作由绿色建筑认证协会负责，需提交符合评估体系要求的申请文件，并缴纳注册费和认证费。LEED™认证过程的第一步是为项目注册，注册费用为450~600美元。认证费由项目的大小决定，平均价格为2000美元。其他的费用，例如咨询费用等不计算在内（US Green Building Council 2009）。LEED™适用于10种建筑类型，囊括了新建建筑、既有建筑、建筑运行与维护、商业建筑内部设计、建筑核心与外壳、学校、零售店、医疗建筑、住宅与社区发展。

体系共包含6个评估类别，可获得69分，其中：可持续场地（14分）、水资源效率（5分）、能源与大气（17分）、材料与资源（13分）、室内环境质量（15分）、创新与地域性（5分）。同时，各子类别也融合了性能与规范的要求。根据LEED™得分，认证可分为以下等级：26分为认证级（Certified Buildings）、33分为银级（Silver）、39分为金级（Gold）、52分为铂金级（Platinum）（图3.15）。

LEED™ 医疗建筑体系既适用于特殊用途的建筑，例如急诊楼、病房楼、门诊楼或其他提供长期医疗服务的建筑；又适用于一般建筑，例如未注册的门诊、药房、牙科和兽医办公室及诊所、医疗辅助用房、医疗教育与研究中心等与医疗相关的建筑。LEED™ 中包括监测和审核两部分，可以基于整体的、定性的全生命周期评估方法体系，建立一个数据收集和分析平台，提供建筑性能反馈数据库。例如，能源之星标杆和项目最低要求是：可以提供 5 年的运行数据，并以此通过创建绿色建筑性能数据库来优化建筑性能，促进报告标准化发展，并建立新的建筑性能标准。

LEED™ 医疗建筑体系是医疗健康绿色指南与美国绿色建筑委员会的有机结合。作为医疗领域第一个可以计量的自我验证工具包，LEED™ 医疗建筑体系希望能够在规划、设计、施工、运行和设施维护的整体过程中，充分应用环境和健康的标准来指导实践。医疗健康绿色指南可以看作是建筑行业内潜能最大的、用于医疗健康类建筑的评价工具。它来自 2007 年医疗健康领域的一次尝试，整个项目包含了 114 个美国试点工程，总建筑面积达 3000 万平方英尺。试点工程从建筑规模、建筑类型到建筑与地区融合方面，均展示了医疗健康绿色指南的可行性和多功能性，是一个适用于不同建筑类型与项目阶段的高性能工具。美国绿色建筑委员会表示，该体系整体架构是基于 LEED™ 新建建筑（for New Construction）标准进行设置的。7 个部分的分值权重如下：可持续场地 18%、水资源效率 9%、能源与大气 39%、材料与资源 16%、室内环境质量 18%、创新设计 6%，以及地域性 4%，共计 110%。LEED™ 医疗建筑体系认证划分为四个级别：认证级（40%～49%）、银级（50%～59%）、金级（60%～79%）和铂金级（80%＋），共计 110%。

然而，与 LEED™ 新建建筑体系相比，LEED™ 医疗建筑体系的分值进行了一定的修改，以反映医疗建筑和其他建筑之间的本质区别。环境场地评估的先决条件包括：医疗设备最小用水量、减少聚酯资源使用、水银或其他危险品的包装与移除、项目一体化规划与设计等。评分分值包括：与自然环境（患者可直接或间接进入的地方）的关系，减少用水量，建筑设备、冷却塔、食品废弃物系统的测量与监测，减少聚酯资源（灯具中的水银、铅、镉与铜）使用，家具和医疗家具，资源利用和灵活设计，声环境，低挥发性材料，以及项目一体化规划与设计等。循证设计也被应用在这些研究和实验中（例如"与自然环境的连接"和"声环境"）。

LEED™ 医疗建筑体系和它的原型（*Green Guide for Health Care*，《医疗健康绿色指南》）都意识到它们的根本任务是保障与提高个人与社区的健康，因此，评估的意义在于承认建筑环境、生态、健康之间的本质关系。然而，与主要作为教育或研究用途的《医疗健康绿色指南》不同，LEED™ 医疗建筑体系由美国绿色建筑委员会于 2011 年 4 月首次发布，作为新建或改造（包括供热通风空调工程、重要建筑围护结构改造和室内装修等）的正规医疗建筑，例如住院部、门诊部、长期护理院、其他与医疗相关建筑（如医疗办公楼、辅助居住建筑、医学教育和研究中心）等的设计与施工指南工具。2012 年 1 月之后，60% 的医疗健康建筑指定要求使用 LEED™ 医疗建筑体系标准。

3.5 可持续建筑评估（DGNB），德国

DGNB 体系（Deutsche Gesellschaft für Nachhaltiges Bauen）是德国可持续建筑委员会于 2007 年创立的，强调建立和完善一套评估鉴定体系，用于高质量、高透明度和用户友好型建筑的认证。其理念基于对建筑全生命周期的整体考虑，对经济、生态和社会文化三个方面进行平衡，这意味着需要在项目的规划阶段就确定好可持续目标。

DGNB 同样是自愿执行的标准体系，既可以评估单体建筑，也可以评估城市社区。该体系涵盖了可持续性建筑的六个关键方面：（1）环境（生态）；（2）经济；（3）社会文化与功能方面；（4）科技；（5）过程；（6）场地；这六个方面又分为 50 个更为详细的标准。通过对上述前四个部分的加权，DGNB 可能是第一个，也是唯一一个认为可持续性建筑的经济效益和环境效益同等重要的建筑环境评估方法，因此这就需要将 DGNB 和其他以环境为优先考虑因素的建筑评估方法区别开，如 BREEAM 医疗建筑体系和 LEED™ 医疗建筑体系等（表 3.2）。

BREEAM、LEED™ 和 DGNB 建筑环境评估方法对比   表 3.2

	BREEAM	LEED™	DGNB
绿色建筑机构	英国绿色建筑委员会	美国绿色建筑委员会	德国可持续建筑委员会
起源国家	英国	美国	德国
开始年份	1990	1998	2007
获得认证的建筑数量	>100000	>8189	>78
使用该方法的国家	英国、爱尔兰	美国和其他 130 多个国家	德国、保加利亚、中国、澳大利亚
等级划分	>25%，通过 >40%，良好 >55%，很好 >70%，优秀 >85%，杰出	认证级（40%） 银级（50%） 金级（60%） 铂金级（80%）	铜奖 银奖 金奖
其他评价	"绿色建筑"，着重于生态方面	像传统的"绿色建筑"标签，着重于生态方面（能源）	没有传统的"绿色标签"，但有很多可持续性的要求

DGNB 体系涵盖了众多建筑类型，例如办公和行政建筑、零售建筑、工业建筑、旅馆、住宅建筑、综合建筑和教育设施等，该体系可以用来评估医院的候诊区、行政区或商业区等所有区域的环境质量，其中，治疗区域被看作评估重点。因此，一些循证设计原则被采纳应用，形成一体化效果。

DGNB 的认证包含两个部分：一部分是预认证阶段（用于市场推广），另一部分则是认证阶段。评估结果由项目整体总分决定，其中包括不同权重的五个部分。场地质量的评估是分离出来的，隶属市场推广的标准中。如果建筑的性能满足要求，那它就可以获得 DGNB 认证，认证级别分为铜奖、银奖、金奖。除了对每个认证级别规定其获奖的分数区

间外（铜奖 50%～64%、银奖 65%～79%、金奖 80% 及以上），DGNB 还对每个认证级别设置了最低指标要求（铜奖 35%、银奖 50%、金奖 65%）。从小规模的单体建筑到大规模的城市社区建设，DGNB 保持了可持续建筑标准的一致性。现阶段，DGNB 体系在全球范围内得到了广泛应用，可以适应不同地区的气候、施工条件、法律和文化环境。

3.6 建筑环境效率综合评估体系（CASBEE），日本

CASBEE 体系（Comprehensive Assessment System for Built Environment Efficiency）是由日本可持续建筑联合会制定的评估和认证建筑及建成环境性能的工具。日本可持续建筑联合会是非政府组织，由工业、日本政府和学术成员组成。CASBEE 系统的基本原则是：考虑到日本和亚洲建筑的特殊情况，为优秀的建筑师提供简单的评估体系，激励设计师及其他人员将可持续建筑体系应用到更广泛的建筑类型中。

CASBEE 体系涵盖了新建建筑、既有建筑和建筑改造的全过程，包括初步、中期、后期的三个设计阶段。该体系是基于闭环生态系统理念而形成的，分为两个评估部分：一个是建筑性能标准，如室内环境、服务质量和外部环境；另一个是环境荷载标准，如能源、资源和原料、再利用和可重复利用性、场地外环境等。CASBEE 的评估结果以图表的形式加以呈现，环境荷载在一条轴上，建筑质量在另一条轴上，形象展示生态效率的测量结果。它意味着 CASBEE 可持续性建筑追求最低的环境荷载和最高的建筑质量。

CASBEE 认证体系始于 2005 年，截至 2011 年 12 月，日本已经有 24 个当地政府选择使用 CASBEE 体系进行了环境测量，鼓励绿色建筑。

建筑环境效率（BEE）的概念是 CASBEE 中使用的"质量－荷载"（Q–L）方法的基础，最初是为了定义生态效率，即"每单位环境荷载的产品和服务的价值"。建筑环境质量（Q）是"评估假设的封闭空间中用户的舒适感"，而建筑环境荷载（L）是"评估对环境超出假设封闭空间的负面影响"。通过定义效率的输入和输出量，产生一个新的拓展性生态效率模型，即"有利的输出／输入＋无效的输出"之间的关系。这个公式与展示的建造环境效率在亚洲被广泛地用作建筑评估方法，包括中国的绿色建筑评估体系（Qin et al. 2007）。评估时，CASBEE 将"LR"定义为"最小建筑环境荷载的性能水平"，而不是建筑环境质量（Q）本身。Q 和 LR 的取值范围从 1 到 5，BEE（建立环境效率）通过公式"Q／（5－LR）"来计算。因此评估结果可以分为等级 C（较差，BEE ＜ 0.5）、等级 B－（BEE：0.5～1）、等级 B＋（BEE：1～1.5）、等级 A（BEE：1.5～3）、等级 S（优秀，BEE ＞ 3）。

不同于 BREEAM 医疗建筑体系、LEED™ 医疗建筑体系或者 DGNB 系统，CASBEE 并没有为医院或医疗建筑提供一个专门的分类，但 CASBEE 新建建筑体系可以用来评估医疗建筑的环境效率，相关的案例有日本的奄美医院（Amami Hospital）等（Horikawa 2008）。作为可参考的建筑评估基准，同时为了体现建筑全生命周期内相对平衡输入与输出的重要性，CASBEE 体系允许所有种类建筑之间的对比。当然，由于医院的特殊性，业界对

CASBEE 在医院设计过程中的应用也存在一些质疑和争议，例如循证设计的应用效果是否同样适用于办公、居住和工业建筑，是否可以真实有效地保障用户的健康、提高生产效率等。

3.7　国家建筑环境认证体系（NABERS），澳大利亚

NABERS 体系（National Australian Built Environment Rating System）是一个基于建筑性能的国家认证体系，最初由新南威尔士环境与遗产办公室提出，用于评估既有建筑使用过程中的环境性能。NABERS 主要应用于住宅和商业建筑这两个常见的建筑类型。根据建筑性能和用户反馈，NABERS 每年都要进行一次认证。该体系既适用于新建建筑，又适用于既有建筑，并且根据大量的参数给出总体得分。

作为一种略显粗放的、综合性的评估工具，NABERS 体系主要是对建筑能源、水资源、废弃物和室内环境、交通与选址等方面的运行情况进行评价。因此，NABERS 主要针对建筑环境进行检测，并展示控制建筑环境影响的措施和方法。与以往评估体系不同的是，NABERS 体系采用绝对值的表达形式，而非使用意识基准，提供一个精确定量的评估过程。相较于得分表和法定条款，表述型条款的使用更有助于实现连续的评估和系统的升级。然而，为了更便捷地满足性能标准中列出的要求，NABERS 要求体系重建。

类似于其他评估体系，NABERS 采用了最合适的科学标准，为项目建立了超常规标准的开发指南。有了 NABERS，不同的国家与地区均可参考本地实际情况和环境性能来制定和发展具有地方特色的认证评估体系。

与其他涵盖全生命周期的建筑环境评估方法不同，NABERS 只关注使用阶段的建筑评估，旨在帮助用户改变原有的生活方式，提高环境意识。NABERS 体系允许建筑使用者对他们的建筑性能进行自我评估。为了保持一次 NABERS 的评估效果可以持续 12 个月的有效期，NABERS 可以保证用户持续跟进建筑性能，检测建筑使用行为，并且报告问题，以及制订下年度目标。整个性能测量信息最后会形成类似于"账单"的文档，并将结果转换为易于理解的 6 颗星评级量表——市场导向表现（6星）、杰出表现（5星）、良好表现（4星）、平均表现（3星）、低于平均表现（2星）、不好表现（1星）。6星评级表明了市场领先的性能，而 1 星评级表明建筑物或租赁具有很大的改进空间。

2005 年 3 月，NABERS 团队签订了一个商业化条约。目前正在开发一套医疗认证系统，用来检测新南威尔士州的公共医院环境性能，以及鼓励发展更多的可持续医院。

3.8　TERI 绿色建筑认证体系（TGBRS），印度

TGBRS（TERI Green Building Rating System）是印度能源与资源研究所于 2004 年颁布的用来进行建筑认证的评估体系。以国际普遍接受的美国 LEED™ 和英国 BREEAM 为基础，

TGBRS 通过定性和定量的评估指标对建筑的绿色等级进行认证，适用于新建和既有的商业建筑、公共机构建筑或住宅建筑等。

TGBRS 体系以自愿、共识为基础，以发展高性能、高能效的可持续建筑为目标。建筑评价由场地规划、周围交通、外部采光、水资源和废弃物管理、能源利用、材料利用率、内部环境质量与设计创新等元素组成（表3.2）。

3.9 绿色医院建筑评价标准（CSUS/GBC 2-2011）*，中国

《绿色医院建筑评价标准》由中国医院协会于 2011 年 7 月颁布，是中国第一个针对医疗建筑的可持续设计指南，目的在于更好地满足中国的绿色医院建设需求。根据医疗建筑功能，标准划分为几个不同的部分。受美国《医疗建筑绿色指南》的影响，中国的"绿色医院"理念首先出现在 2000 年，同时，医疗循证设计也受到了社会关注。

2006 年的《绿色建筑评价标准》（GB/T 50378-2006）是中国的第一个绿色建筑评价标准体系。之后中华人民共和国住房和城乡建设部（以下简称"住建部"）发布了《绿色建筑评价标识管理办法》和《绿色建筑技术导则》，用来规范绿色建筑评价市场和绿色建筑的发展。《绿色建筑评价标识管理办法》规定了绿色建筑评估和认证的条件、流程与评价标准。中国的绿色建筑分为三个级别：一星、二星和三星，其中住建部负责确定、评估和认证项目，科技发展促进中心负责实施和管理认证活动。

《绿色建筑技术导则》根据《绿色建筑评价标准》（GB/T 50378-2006）给予了绿色建筑评估的技术指导。参考了其他的实践经验和国际成功案例，中国的绿色建筑专家制定了住宅和非住宅的评级标准。该标准涵盖了 6 个方面：土地使用效率与室外环境、节能与能源利用、节水与水资源利用、节材与材料资源、室内建筑环境和运营管理。

2010 年 6 月 12 日，"'绿色医院'建设标准研讨会暨院长高峰论坛"在广州市番禺中心医院举行。而该医院本身也是国家绿色医院示范项目，还是可再生能源应用的试点项目，以及广州建筑节能项目。会议期间，中国医院协会、医院建筑系统研究分会和"绿色医院"工作领导小组携手制定了"绿色医院"发展的"五年计划"，明确了如下步骤：2010 年完成绿色医院论证、2012 年举办绿色医院展览、2014 年进行绿色医院推广与宣传、2015 年验收和评审。

CSUS/GBC 2-2011 体系分为 5 个主要部分：（1）规划；（2）建筑；（3）设备及系统；（4）环境与环境保护；（5）运行管理。在每个部分中，相关的设计问题都可以被归为三类：（a）"控制项"——所有绿色医院的强制性要求；（b）"一般项"——可选要求；（c）"优选项"——相对较高的要求，一些绿色医院很难满足。

---

* 2015 年，由中华人民共和国住房和城乡建设部发布的《绿色医院建筑评价标准》GB/T 51153-2015，成为中国第一部正式用于绿色医院建筑评价的国家标准，并代替其他绿色医院评价行业标准。本书第一版（英文版）出版于 2014 年，因此书中涉及的评价标准对比中方仍采用 CSUS/GBC 2-2011。——译者注

CSUS/GBC 2-2011 认证分为设计认证和施工认证两个部分：第一个是在规划设计阶段，第二个是在建筑的运营阶段（用户开始使用至少一年之后再进行认证，这要求项目完全竣工）。表 3.3 给出了获得 CSUS/GBC 2-2011 认证需完成条文的取值范围（CHA 2011）。

CSUS/GBC 2-2011——认证基准　　　　　　　　　　　　　　　　　　　　表 3.3

CSUS/GBC 2-2011 等级	一般项（35 项）					优选项（33 项）
	规划（6 项）	建筑（6 项）	设备及系统（10 项）	环境与环境保护（7 项）	运营管理（6 项）	
一星 ★	2	2	3	2	2	—
二星 ★★	3	3	5	4	3	10
三星 ★★★	4	4	7	5	4	22

资料来源：The Science and Technology Advancement Centre 2012。

与 BREEAM 医疗建筑体系不同，在设计阶段，CSUS/GBC 2-2011 并没有预评估环节。但是 CSUS/GBC 2-2011 的可追溯性更强，并且与原始的参考模型相比，越来越具有自身特点。此外，和 BREEAM 医疗建筑体系以及 LEED™ 医疗建筑体系相比，CSUS/GBC 2-2011 没有设置权重机制来区分不同医院类型的设计策略，而是把区别全放在了优选创新项——使用不同的方法，综合不同的条目对项目进行认证。然而，尽管 CSUS/GBC 2-2011 中所有条目的权重都相同，但是没有整体化选项，或者单独的优选设计策略，因此不能很好地限制设计措施使用过度这一问题，也无法提供清晰的未来技术研究和发展指南。在实际运用过程中，评估人员的核查清单里的部分条目源于循证设计原则，例如内部与外部治疗环境、声环境、自然采光与控制、自然通风与控制等。CSUS/GBC 2-2011 与 BREEAM 医疗建筑体系、LEED™ 医疗建筑体系的区别在于，它面对能源性能缺少足够的关注，没有提供能耗测量等元素。特别是 CSUS/GBC 2-2011 中的优选项条目 6.0.26，对年度节能的要求只有 3%，而 LEED™ 医疗建筑体系则要求最低节能量必须高于 ASHRAE（美国采暖、制冷与空调工程师学会）国际标准的 10%。因此，改进现有医院能源性能的基准标准（《公共建筑节能设计标准》GB 50189-2015），并为医院定制相应计划，将有助于提高建筑能源性能的整体要求。

3.10 设计质量指标（DQI）

DQI（Design Quality Indicator）是 1999 年由英国建设工业协会提出用于评估新建和既有建筑设计质量的评估方法。DQI 流程广泛涉及负责设计和建造的人员，通过影响从业人员来影响建筑物。同时，DQI 指标也被广泛应用于多种类型的建筑，如警察局、办公楼、学校建筑、图书馆以及城市居民楼或其他私人建筑。

DQI 指标可以应用于建筑建造的任何阶段，在改善建筑项目的设计质量方面发挥着十分重要的作用。作为一种基准工具，DQI 监测建筑性能，并使用相关指示器展示性能情况。正因如此，不同的建筑项目之间，以及建筑过程中不同的环节之间均可以进行数据比较。但是，由于基准源于专家共识，因此无法再设置其他绝对目标。自 2003 年 10 月 1 日发布以来，DQI 已经成为英国建筑工业的评估标准，并且很快发展出了三个 DQI 模型：（1）适用于所有建筑类型的 DQI；（2）适用于学校建筑的 DQI；（3）于 2012 年 6 月发布 beta 版用于医疗建筑的 DQI。

3.11　卓越设计评估工具（AEDET Evolution）

AEDET 评估工具（Achieving Excellence Design Evaluation Toolkit）由 2004 年设菲尔德大学医疗研究小组下属的一个委员会研发，适用于现有医疗建筑以及计划中的新建筑。NHS Estates 的出版物《对医疗建筑设计纲要主要部分的信任建议》为英国的医疗指南和工具的发展开拓了新的范围。

AEDET 评估工具将 59 个清晰且非技术性的报告用于评估单项设计，围绕"影响"、"建设质量"和"功能性"这些关键方面，与 DQI（http://www.dqi.org.uk/）共同发挥作用。通过打分可以总结出医疗建筑与最佳表现之间的差别。该工具还提供了一种清楚了解用户需求的"语言"，并且激发客户、顾问以及其他技术人员就医疗项目进行讨论。这种论述能够发生在"设计－建设－使用"循环中的任意环节，以确保对客户需求与期望进行持续反馈（图 3.16）。

作为更高级的工具包，AEDET 评估工具可以分为三层：供打分的"分数层"、给予更多具体帮助的"指导层"，以及指向有效研究证据的"证据层"。学者们一直以来都建议 AEDET 评估工具增加第四层，也就是"示例层"，以提供一些优秀案例。AEDET 评估工具的主体部分也分为三个，每个主体下面又分为 10 个主题，这些主题总结了医疗建筑与最佳表现之间的差别。每个主题都会有一些相关描述，是该主题的得分点。

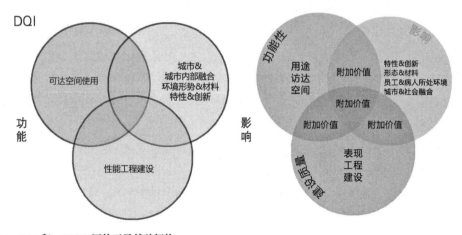

图 3.16　DQI 和 AEDET 评估工具基础架构

AEDET 评估工具不再单纯地满足规范指南的常规要求，而且更直接地将设计导向最佳设计方案。在整个系统中，高分并不代表可以满足要求，尤其是在设计中，可持续发展与能源消耗比率仅仅由一个分数决定。这主要是因为 BREEAM 医疗建筑体系可以看作更适合专门用来评估环境因素以及能源消耗量的工具。尽管 AEDET 评估工具能够单独使用，但如果将 AEDET 评估工具和 BREEAM 结合起来使用则会起到事半功倍的效果。

该工具包协助不同医疗基金和 NHS 从最初的设计方案开始到竣工后评估的过程中，都可以及时、有效地管理和优化设计方案。AEDET 评估工具作为一种基准工具为 ProCure21、PFI、LIFT 或其他基金的建筑设计提供了有效的商业技术指导。

自从 AEDET 评估工具作为一种循证设计工具使用以来，实践证实了它的可用性和科学性。例如 O'Keeffe（2008）发现 AEDET 评估工具最重要的作用和影响在于成功地激励项目团队。尽管如此，在实践中仍然存在一些问题。AEDET 评估工具作为评估设计质量的工具，需要在项目初始阶段就开始介入，但在某些项目中，为满足特定标准，需要设置一些强制性的并且因地制宜的标准。

3.12　医护人员与患者环境标定工具（ASPECT）

ASPECT（A Staff and Patient Environment Calibration Tool）是 AEDET 评估工具的一个插件，2004 年由设菲尔德大学医疗研究小组研发，通过评估设计对患者和医护人员满意度的影响来对建筑进行评估。同时，作为 AEDET 评估工具的一部分，ASPECT 通过循证原则增强了自身的说服力。设菲尔德大学医疗研究小组进行的一项研究表明：ASPECT 比 AEDET 评估工具对主题的描述更准确。

通过 NHS Estates、Balfour Beatty Capital 项目和 BDP 建筑师的联合资助，ASPECT 共设置了 8 个主题：（1）私密性、陪伴和用户尊严；（2）视野；（3）自然与户外；（4）舒适度与控制；（5）场地的易辨认性；（6）内部视觉感；（7）设施；（8）员工。和 AEDET 评估工具一样，ASPECT 也有三个层次——分数层、指导层（提供细节帮助）、证据层（提供可选的研究参考）（图 3.17，图 3.18）。ASPECT 正在开发第四个层次：案例层，用于收集 NHS 设计作品中的先例，以及考虑单独设置第五层：合规层，用来解决满足法规要求、健康与安全、防火规范和其他 NHS 指南与建议方面的合规性问题。

在分数层，每种描述都被赋予了 0、1 或 2 的分值。如果其中某一描述由于不适用或者缺少信息支持而无法使用，则可以把其分数评为 0，不予计算。指导层针对描述给出了更详细的解释，有助于获得更高分数，同时，指导层也对特殊建筑类型进行了详细的描述，例如初级护理和心理健康护理等（图 3.19，表 3.4）。

证据层对所有支撑 ASPECT 要点的证据进行了归纳总结，尽可能列出原始出版源，而这些研究证据进一步组成了"设菲尔德医护人员与患者环境数据库"（Phiri et al. 2000）。这个数据库包含了大约 700 个相关的学科研究，内容涉及十分广泛。如果建筑师或设计师充分掌握数据库中的内容，则在建筑设计过程中会直接考虑患者的满意度、生命质量、治疗时间、医疗层次和睡眠模式等方面问题。数据库交叉引用了美国 Roger Ulrich 团队（2004；2008）的相似文献搜索，同时可以查询到 Rubin 等（1998）约 125 项精确的文献研究。数据库以 Excel 软件的形式出版和刻录为 CD–ROM，由英国卫生部出版，供有需要的研究人员使用（Phiri 2006）。数据库网站为 http://hear.group.shef.ac.uk，包含了从规划、设计到管理的全方面资料，它总结了大量的原始研究、整合了许多基础分析。对这些已有的实际案例进行总结和分析，可以为实践者和政策制定者提供有力参考，将科研人员的研究重点集中于空白领域来进行填补，帮助设计师和建造师进一步优化设计和规划。

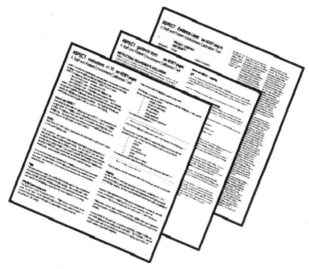

图 3.17 ASPECT 包含三层：分数层、指导层和证据层

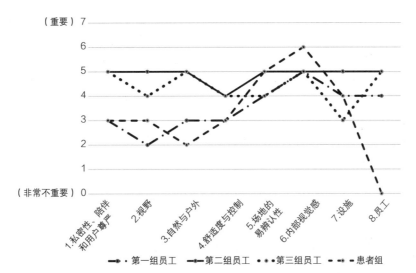

图 3.18 ASPECT 线状图汇总表。一组获得认证的典型项目使用数据，包含三组员工和一组患者。上述结果总体来说，受访群体都认为内部视觉感高于平均值，因此分数超过了 6 分中的 4 分，患者组给了内部视觉感满分 6 分，但没有给员工打分

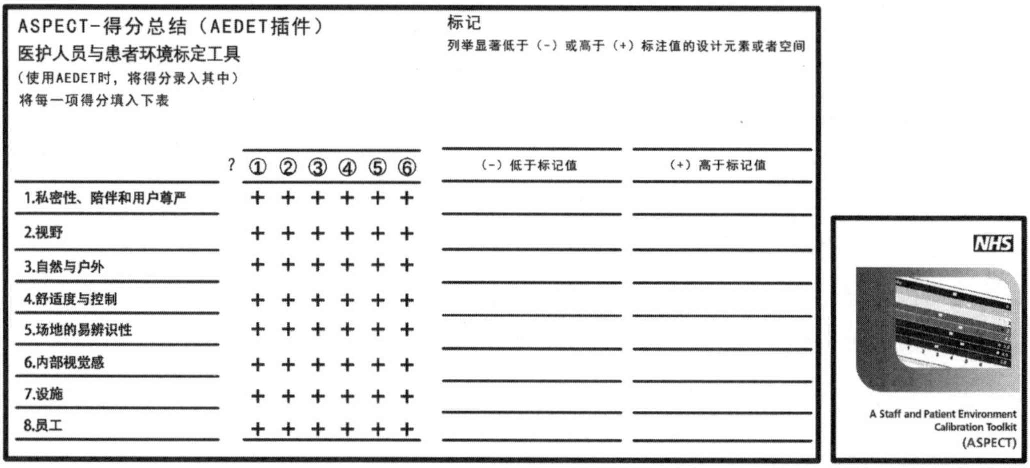

图 3.19 ASPECT 线状图汇总表。一个获得认证的典型项目，包含三组员工和一组患者。上述结果总体来说，受访群体都认为内部视觉感高于平均值，因此分数超过了 6 分中的 4 分，患者组对内容视觉感给出了最高分 6 分

一组 ASPECT 评估项目的典型使用数据 表3.4

影响因素	第一组员工	第二组员工	第三组员工	患者组	平均
1. 私密性、陪伴和用户尊严	3.00	5.00	5.00	3.00	4.00
2. 视野	2.00	5.00	4.00	3.00	3.50
3. 自然与户外	3.00	5.00	5.00	2.00	3.75
4. 舒适度与控制	3.00	4.00	4.00	3.00	3.50
5. 场地的易辨识性	4.00	5.00	4.00	5.00	4.50
6. 内部视觉感	5.00	5.00	5.00	6.00	5.25
7. 设施	4.00	5.00	3.00	4.00	4.00
8. 员工	4.00	5.00	5.00	0.00	3.50
平均	3.50	4.88	4.38	3.25	

3.13 ADB 系统与医疗保健设施简介系统（ADB System and Healthcare Facility Briefing System）

ADB 是一个以房间为单位的规划与设计系统，发展于 20 世纪 60 年代，主要作用于对医疗保健设施进行简介、建设、资产管理与修改变更等。该系统用标准化的房间数据表来展现，十分精巧准确。同时 ADB 的编程系统也作为行业标准被普遍接受。英国卫生部与 NHS 在 ADB 系统中的数据包括：

- 输出概要、生成床位明细和产生开销明细，并形成简报；
- 根据输出概要来评价设计师或服务人员；

● 提供一般房间数据表和标准化布置图。该标准化布置图包括了设计者正在发展的、关于项目设计的解决方案。

ADB 由标准化房间数据表和相关房间图纸组成，这些是应用软件对项目进行开发、编辑和修改的基础。通过 AutoCAD 界面可以生成"C Sheets"文档，其中包含平面图、立面图、设备表和与文字数据相互链接的三维视图，共同发挥作用。规划师与设计师可以对图像与文本进行操作，确保用户在 Excel 中可以直接进行操作，或由 CAD 协助运行。ADB 有一个自带的审计软件，它允许用户在时间表内对变化进行记录。文本和图像数据能够以多种格式导出，也可以在需要时重新导入。它能够被编辑，也可以生成一个简介。同时，ADB 还能与 BIM 软件共享界面，例如 Architectural Desktop 与 Revit。

2011 年 3 月 1 日至 5 月 31 日，通过设菲尔德大学和拉夫堡大学合作项目"EBLE""循证学习环境"的在线调查发现：

1. ADB 被视为一种添加概要、规划设计、施工和资产管理的工具。调查收到了 27% 的回复，其中 43% 的受试者对 ADB 持有积极态度。这是近年来英国卫生部对医疗建筑评估工具政策支持的成果体现。

2. ADB 被超半数受试者选择（51%），这里还有增加其运用比率的概率。

3. ADB 主要被项目数量不足 5 或超过 10 的机构所采用。

4. ADB 主要被三种类型的建筑机构运用，即大型医院、小型社区医院与健康中心（19%）。

5. ADB 主要针对公共部门运用（45%），运用在私人部门的只有 2%，两者兼具的为 21%。

6. ADB 主要被新建与翻新工程的机构运用（48%）。

7. ADB 主要用于总合同额为 100 万~200 万英镑（9%）的项目中，紧接着是用于如下三种合同额中的总和，分别是 5 万英镑以下，50 万~100 万英镑与 100 万~200 万英镑（8%）。

8. ADB 主要用于项目前期与项目建设阶段（48%）。ADB 在项目后期基本没有应用，因此在这个阶段还有发展 ADB 的余地。

9. 现在运用 ADB 的主要原因是医疗保健部门的支持与合规性要求（12%）。

10. 未来运用 ADB 的主要原因同样是医疗保健部门的支持（2%）和合规性（2%）。回答这个问题的受试者人数很少。

澳大利亚医疗保健设施规划系统（HFBS）最初就是来自 ADB 系统，它提供了一个可以全球范围运作的、企业级别的数据管理系统，并从广泛意义上担负着医疗保健的任务。HFBS 运用了 ADB 的编程系统，包括参考了"房间数据表"与"房间图纸表"，但与之关联的不是英国的健康建筑记录或者健康技术备忘录，而是一个完全不同的医疗保健设施指南（图 3.20）。

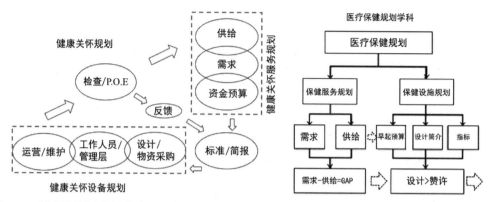

图 3.20 医疗保健设施规划系统（HFBS）

这个系统有规划、概要、成本计算、路线映射、资产管理和跟踪服务等模块。这些模块均可以独立操作，涉及了"设计－建造－使用"全过程。在 HFBS 范例中，资讯（概要）可以将客户需求转化成设计施工和资产管理的明细。HFBS CAD 程序能够从 HFBS 内部免费下载，但需要订阅，才可将项目现场要求跳转到 AutoCAD 平台里的 HFBS XML 服务。每年的订阅费是每个项目 550 美元。

3.14 医疗建筑技术指南与工具总结

本章回顾了医疗建筑规划信息、医疗建筑设施系统与工具，为发现运行过程中出现纰漏的可能性提供了基础，并回答了医疗建筑对技术指南和工具的需求问题，包括简报系统的医疗保健计划信息等。这些都是必不可少的，因为医疗保健的复杂性有助于识别和记录用户需求以及摘要制定，完善医疗设施的设计、建造和管理。医院是医疗体系不可分割的一部分，在整合循证建筑设计和可持续建筑设计过程中，以及在创造绿色健康、高效稳定的社会环境过程中均扮演着重要角色，如：

- 提高患者康复率和医护人员工作效率；
- 提高患者、家属和职工的满意度；
- 适应当下最佳建筑实践，以及提升未来建筑的灵活性；
- 提高患者的安全性，包括不泄漏危险的污染物、合理储存有害有机物；
- 不破坏自然环境，节约能源、资源消耗——土地、材料；
- 避免因为不合理设计和施工造成能源、水资源和材料消耗；
- 减少交通污染；
- 保护濒危物种和生态环境。

以上所有要求都意味着必须采取措施鼓励绿色健康的可持续发展。这些要求涉及建筑设计的方方面面，包括高效利用土地资源和可再生能源，满足场地、社区发展和交通需求，使用高效的生态友好型设备，使用可循环的环境友好型建筑材料，提高室内空气质量，高效利用水资源，采用高效监测，控制建筑管理系统等。

从各国绿色建筑委员会在发展和应用环境评估系统的趋势可以看出可持续发展的重要性和广泛性。在所有的建筑评估系统中，针对社会方面的评估仍然存在着明显的不确定性和漏洞，例如，现在依然缺少针对单体建筑的评估指标的意识统一（Lutzkendorf & Lorenz 2006, p. 343）。同样地，形成全世界范围内通用的健康影响力评估系统迫在眉睫（Bendel & Owen-Smith 2005）。

医疗健康领域已经形成了比较成熟的专业指南和工具，例如 BREEAM 医疗建筑体系、LEED™ 医疗建筑体系，以及中国的 CSUS/GBC 2-2011（现调整为《绿色医院建筑评价标准》GB/T 51153-2015）系统。但是必须看到，技术指南与工具的应用在实践中依然是一个自愿的过程，无法完全强制满足标准规范。例如，英国的 BREEAM 遵从自愿性原则，但仍需要英格兰政府通过税收、征费或补贴进行强化推广，提高医疗建筑用户的健康意识，以此来推动绿色建筑在实践中的普及和应用；但在苏格兰，该指南则是一种强制性的标准，不合规范则要接受罚款。在任何情形下，研究都需要建立相应的机制来提升科学性和严谨性，包括提升更好的研究成果和价值。然而，仅仅依靠自愿，绿色建筑的影响可能会受限，所以必然需要相关的强制性规范来促进建筑对环境影响的最小化。

从成本费用来讲，仅仅依靠自愿性原则来实现可持续建筑也是不合适的。关键问题就是可持续建筑的时间周期比较长，在如此长的时间和高昂的费用成本下，大多数人都会望而却步。尤其是可持续建筑的投资回报期太长，且该部分的成本投资通常是由开发者和赞助商支付，但受益者却是业主和住户。这使得如何激励开发商和投资者进行可持续建筑的投资成为难点。总体来说，采取强制性和自愿性相结合的措施，为开发商和建筑师提供一个可选择的空间可能会是更有效的方法。

实施医疗建筑指南和工具时，如何平衡设计质量工具和建筑环境评价方法之间的关系，是建筑师和评估人员要考虑的重要问题。设计质量监测工具（DQI、AEDET、ASPECT 等）和建筑环境评价方法（BREEAM、LEED™、DNGB、CASBEE 等）之间不应当是相互竞争或相互独立的，而是互补互助、共同发展的。施工过程中的可持续性评估需要考虑整体建筑和建筑产品两个方面。评估体系和标准已经给出了可循环建筑材料的量化评估方法，评估有效、可循环性有两个指标：一是"可循环量"，主要看在新产品的生产中使用了多少循环材料；二是"生命终结循环率"，主要比较产品实际使用的可循环量与产品终止使用的可循环量。

在建筑设计中运用绿色建筑设计原则和环境性能评估工具，是处理日益增多的医疗建筑问题的重要举措，现有的问题包括能源浪费、原材料消耗严重、水污染、二氧化碳排放量超标、市政废弃物排放超标等（Brochner et al. 1999；Todd et al. 2001；Tétreault & Passini 2003；Retzlaff 2010）。英国的法律对减少碳排放和全球能源消耗有严格的法律规定，因此大力宣传绿色建筑对于新建和既有的建筑项目进行能源优化成为重中之重的目标。目前，研究人员已经逐渐意识到，相较于新建建筑而言，目前更应该去重点探讨既有医疗建筑的环境问题，从根本上创造绿色、健康、高效、可持续的社会环境。

参考文献

Bendel N, Owen-Smith V (2005) A prospective health impact review of the redevelopment of Central Manchester Hospitals. Environ Impact Assess Rev 25: 783–790

Berardi U (2011) Sustainability assessment in the construction sector: rating systems and related buildings. SustainDev 20(6): 411–424.Article first published online http://onlinelibrary.wiley.com, doi: 10.1002/sd.532

Berardi U (2011b) Beyond sustainability assessment systems: upgrading topics by enlarging the scale of assessment. SUSB Int J Sustain Build Technol Urban Dev 2(4): 276–282

Bowyer JL (2007) Green building programs—Are they really green? For Prod J 57(9): 6–17

Brochner J, Ang G, Fredriksson G (1999) Sustainability and the performance concept: encouraging innovative environmental technology in construction. Build Res Inf 27(6): 367–372

Capper G, Hudson G, Holmes J and Astley P (2004) Primary Care Trusts and Leadership in Sustainability, NHS Alliance and Sustainable Development Commission, UK Available on: http://www.sdcommission.org. uk/data/files/publications/PCTs%20and%20Leadership%20in%20 Sustainability%20%20final.pdf. Accessed 20 November 2012

Cole R (2005) Building environmental assessment methods: redefining intentions and roles. Build Res Inf 35(5): 455–467

Cole R (2006) Shared markets: coexisting building environmental assessment methods. Build Res Inf 34(4): 357–371

Cole R (2011) Motivating stakeholders to deliver environmental change. Build Res Inf 39(5), 431–435

Cooper I (1999) Which focus for building assessment methods—Environmental performance or sustainability? Build Res Inf 27(4–5): 321–331

Dammann S, Elle M (2006) Environmental indicators: establishing a common language for green building. Build Res Inf 34(4): 387–404

Fenner RA, Ryce T (2008) A comparative analysis of two building rating systems part 1: evaluation. In: Proceedings of ICE-engineering sustainability, vol 161(1), -pp 55–63, ISSN: 1478-4629, E-ISSN: 1751-7680

Fenner RA, Ryce T (2008)Acomparative analysis of two building rating systems part 2: case study.In: Proceedings of ICE-engineering sustainability, vol 161(1), pp 65–70, ISSN: 1478-4629, E-ISSN: 1751-7680

Fowler KM, Rauch EM (2006) Sustainable building rating systems. A report by the Pacific Northwest National Laboratory, operated for the US Department of Energy by Battelle for the general services administration under contract DE-AC05-76RL061830, July 2006

Garde A (2009) Sustainable by design? Insights from U.S. LEED—ND pilot projects. J Am Plann Assoc 75(4): 424–440

Haapio A, Viitaniemi P (2008) A critical review of building environmental assessment tools. Environ Impact Assess Rev 28(7): 469–482

Hill RC, Bowen PA (1997) Sustainable construction: principles and a framework for attainment. Constr

Manag Econ 15: 223–239

Horikawa R (2008) Amami hospital Kagoshima, Japan, SB08 JaGBC booth posters, world SB08, Melbourne, http://www.ibec.or.jp/CASBEE/english/SB08_pdf/Nikken_Amami_Hospital.pdf. Accessed 20 Nov 2012

Imrie R, Street E (2011) Architectural design and regulation, Wiley-Blackwell, Chichester, UK

Institute of Building Control (1998) A review of building controls, regulatory systems and technical provisions in the major member states of the European Community and EFTA countries, IBCO

Kaatz E, Root D, Bowen PA (2005) Broadening project participation through a modified building sustainability assessment. Build Res Inf 33(5): 441–454

Kaatz E, Root D, Bowen PA, Hill RC (2006) Advancing key outcomes of sustainability building assessment. Build Res Inf 34(4): 308–320

Kohler N (1999) The relevance of green building challenge: an observer's perspective. Build Res Inf 27(4–5): 309–320

Lutzkendorf T, Lorenz DP (2006) Using an integrated performance approach in building assessment tools. Build Res Inf 34(4): 334–356

McGlynn S, Murrain P (1994) The politics of urban design. Plann Pract Res 9(3): 311–320

O'Keeffe D (2008) Facilitation of the design quality of hospitals by using the achieving excellence design evaluation tool. Unpublished Dissertation, 2008

Olgyay V, Herdt J (2004) The application of ecosystems services criteria for green building assessment. Sol Energy 77(4): 389–398

Phiri M (2006) Does the physical environment affect staff and patient health outcomes? A review of studies and articles 1965-2006. TSO, London

Phiri L et al (2000) Room for improvement. Health Serv J 110(5688): 24–27

Qin YG, Lin RB, Zhu YX (2007) Research on the green building assessment system in China. Ecol Archit 3: 68–71

Rainwater B (2008) Local leaders in sustainability: green counties. American Institute of Architects, Washington, DC

Retzlaff R (2010) Developing policies for green buildings: what can the United States learn from the Netherlands? Sustain: Sci Pract Policy 6(1): 29–38. Published online 10 July 2010 http://www.google.co.uk/archives/vol6iss1/1004-020.retzlaff.html

Rubin HR, Owens AJ, GoldenG(1998) Status report: an investigation to determine whether the built environment affects patients medical outcomes. The Center for Health Design, Concord, CA

Tétreault M-H, Passini R (2003) Architects' use of information in designing therapeutic environments. J Architect Plann Res 20(1): 48–56

Todd JA, Geissler S (1999) Regional and cultural issues in environmental performance assessment for buildings. Build Res Inf 27(4/5): 247–256

Todd JA, Crawley D, Geissler S, Lindsay G (2001) Comparative assessment of environmental performance tools and the role of the green building challenge. Build Res Inf 29(5): 324–335

Turner RK (2006) Sustainability auditing and assessment challenges. Build Res Inf 34(3): 197–200

Ulrich R et al (2004) The role of the physical environment in the hospital of the 21st century: a once-in-a-lifetime opportunity. The Center for Health Design, Concord, CA

Ulrich R et al (2008) A review of the research literature on evidence-based healthcare design HERD Journal 1(3): 61–125

Zhang Z, Wu X, Yang X, Zhu Y (2006) BEPAS—a life cycle building environmental performance assessment model. Build Environ 41(5): 669–675

第4章

案例分析：医疗技术指南与工具的设计实践及应用

4.1 美国与欧盟（含英国）的案例研究

4.1.1 新奥尔胡斯大学医院，丹麦（New Aarhus University Hospital, Skejby, Denmark）

奥尔胡斯大学医院是丹麦政府资金支持的16个医院项目（总投资417亿丹麦克朗，合55亿欧元）之一，另外22个医院建设项目则由当地政府资助。C. F. Møller、Cubo Arkitekter A/S、Ramboll、Søren Jensen 和 Alectia 五家公司组成的项目组在国际竞标中脱颖而出，赢得了丹麦新奥尔胡斯大学医院的建设权。作为对现有的奥尔胡斯大学医院的扩建，新院的设计更符合未来技术、医疗形式以及工作程序的发展需求。2005 年，Skejby 地方政府整合了奥尔胡斯大学医院的各个医疗部门，并关闭了市中心的三家较老的医院。

医院的选址仿照丹麦小镇 Ribe 的布局，城市周边建筑低矮，越往中心越高。新医院规划在一个靠近住宅区且临近街道和广场的城市体系内，以便为多元的、动态的绿色城区发展提供基础（图 4.1，表 4.1）。

图 4.1 丹麦新奥尔胡斯大学医院——总体规划鸟瞰图＋轴测图（资料来源：Møller 2012）。医院的选址仿照丹麦一座名为 Ribe 的小镇，城市周边建筑低矮，越往中心越高

M. Phiri and B. Chen, Sustainability and Evidence–Based Design in the Healthcare Estate, SpringerBriefs in Applied Sciences and Technology, DOI: 10.1007/978-3-642-39203-0_4, The Author(s) 2014

丹麦新奥尔胡斯大学医院——信息一览表　　　　　　　　　　　　　　　　　　　　　表 4.1

建筑说明： 医院的选址仿照丹麦小镇 Ribe 的布局，城市周边建筑低矮，越往中心越高。建筑群被分为 7 个各具特色的专业区域。医院小镇将包含一栋 6 层建筑和 3 栋高层建筑。6 层建筑内设有中心到达区、门诊部和急诊部；三栋高层建筑分别是管理部门、研究大楼和病房。接待中心、会议大厅、商店、银行以及电影院则规划在一层
规模： 250000m²；总建筑面积：约 376000m²；总用地面积：970000m²（812 个总床位，86 个 ICU 床位，184 个日间床位，52 个透析机，80 个病床，70 间手术室，563 个门诊治疗部）
成本： 成本为 867 万丹麦克朗（约合 11.7 亿欧元）[新建筑（635 万丹麦克朗）+改造现有建筑（43 万丹麦克朗）+设备（80 万丹麦克朗）+公共基础设施（27 万丹麦克朗）+公共场所的核心区域（82 万丹麦克朗）]   每平方米成本=867 万丹麦克朗/（376000m²）[11.7 亿欧元/（376000m²）]
完工时间： 2020 年
委托方： 日德兰中部地区（Region Mid-Jutland）
委托顾问： NIRAS A/S——The Det Nye Universitetshospital（DNU）咨询团队，2007 年 12 月获得新大学医院的建筑权
建筑师： C. F. Møller，Cubo Arkitekter A/S，Avanti 建筑咨询有限公司（英国）
景观设计师： Schønherr Landskab A/S，Tegnestuen Havestuen
工程师： Rambøll Group A/S，Alectia A/S，Søren Jensen Rådgivende Ingeniørfirma
其他合作方： Nosyko AS，Lohfert & Lohfert AS，Capgemini Danmark A/S
循证设计特征： DNU 咨询团队基于循证设计开发了"环境愈合轮"（The Healing Wheel of the Environment）项目，并以此为基础和动力规划了整个医院项目。"环境愈合轮"的 12 个组成部分别是：赋权和人因工程学、日光、单人病房、声音、人造光、园林景观区通道、通信与物流、材质、室内气候、艺术、信息技术以及设计和装饰。在实践中，重视循证设计标准可以保证高效的专业护理，在减轻压力的同时，支持康复、授权和工作条件优化
可持续性特点： 这很大程度上是对传统的"可走动式"小镇的学习，此构想已有一定的发展历程。其重点之一就是在设计和实施过程中，找寻低能耗和健康安全环境（HSE）高标准相结合的可持续解决方案。另一个重点是，重视灵活性、通用性、适应性和标准化（例如，基于 45 种标准模式的 2500 间标准化房间），并且在不改变基本装置和构造的前提下进行功能性转变，减少重建的时间和成本，降低生产损耗。 创新产品的使用可对室内微气候产生积极作用。选择自然材料的目的是保证所使用的大部分材料可被循环利用的同时，保证建筑的装配组件也是可再生的。对于像集会场地、拱廊和广场等公共场所的墙壁和地面，部分或全部采用耐用的木材保护层可看作是最好的解决方案。 奥尔胡斯大学采用了绿色屋顶，目的是通过增加质量和热阻值以减少热量，通过蒸发以降低温度。尤其在夏季，绿色屋顶还可减少雨水径流，以达到节能效果。通过过滤空气中的污染物和二氧化碳，可以减少空气传染和疾病（比如哮喘）。同时绿色屋顶还可以过滤雨水中的污染物和重金属，土壤可降低噪声频率，植物阻隔更高的噪声频率，进而减少噪声污染，并减少硬质表皮和景观的过度持续使用。

　　为了使区域展示一目了然，建筑群被分为 7 个各具特色的专业区域。医院小镇将包含一栋 6 层建筑和三栋高层建筑。6 层建筑内设有中心到达区、门诊部和急诊部；三栋高层建筑分别是管理部门、研究大楼和病房（图 4.2）。接待中心、会议大厅、商店、银行以及电影院则规划在一层。医疗小镇中一共有 9500 位医护人员，每年需要接待约 70 万名患者和 1000 位科学家或学生来此调研学习，因此，小镇的基本设计目的就是尽可能地保证医院的正常运行。截至 2018 年，医院每天要为 4300 余位患者服务（包括 3800 位日间患者、330 位住院患者、85 位急性住院患者以及 160 名急诊室患者）。

　　此规划是出于对康复环境的综合考虑，不仅以人们的需求为中心，还最大限度地提高设备灵活性，以适应检查、诊断和治疗技术的快速发展；同时，它也是建筑技术、设计、医学、信息技术、环境、工作环境的结合，关注使用者需求的同时也意味着必须要遵循循证设计理念，包括在设计过程中关注员工和患者等。

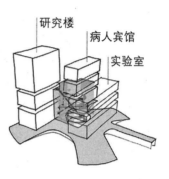

图4.2　丹麦新奥尔胡斯大学医院——主干道＋公共场所图（资料来源：Møller 2012）

　　新奥尔胡斯大学医院是一家拥有良好治疗氛围、技术创新和健康友好型的"患者中心型"医院，旨在成为未来医院的典范，给未来医院建筑设计指明方向。"患者中心型"也就是以人为本，即以使用者的感受为基准，衡量每个患者或访客是否可以在医院畅通无阻，以及是否可以在使用过程中感到舒适和安心。医院提供了清晰明了的空间布局，以直观易懂的导向标志引导患者和访客直接到达目的地。

　　基于人性化的独特设计，传统的小镇结构简单易识别、形式和功能多样化，这些特点都为医院小镇提供了蓝图和概念，或者说为医院小镇的规划提供了直接参考。与红色建筑群传统的小镇规划类似，从远处看，医院建筑群在空中的轮廓线不断向中心区域升高，稍高一点的病房楼集聚在医院中心园林周围，而一些更高的建筑则标志着医院的主要通道。总体来说，新奥尔胡斯大学医院通过三项措施保证了医院的灵活性和适用性：（1）一座2层的、带有门诊和常见临床部门的治疗中心；（2）病房楼疏散分布；（3）医院的"公共区域"——中心到达区——设有公共功能区、连接三座大楼的一层大厅（图4.3，图4.4）。

　　以上三个部分被错综复杂的功能和循环路线系统联系到一起，并由此激活和塑造；它们提供了一个城市空间质量系统，与功能性专业社区系统相辅相成。这种基本组成有许多优点，比如，允许医院扩展分阶段进行，以适应不断变化的政治和经济条件。这家医院的特点是紧凑型与分散型相平衡，取各自的优点同时相辅相成（图4.5～图4.7）。

　　整个多层的城市系统包含住宅区、街道、广场等多种功能区，从独特的公共区域到分散型广场，都表明了这是一个覆盖了"公共空间、半公共空间、私密空间、紧密空间"的富含逻辑的分层系统。城市区域采用特殊命名方式，这意味着患者和访客可以快速理解空间的分布和功能。新奥尔胡斯大学医院体现了护理工作的连续性，并且顾及医院生活的方方面面——从孩子可以玩耍的花园和公共场所的游乐区，到为患者伤感时所提供的体面、安静的私人空间，都得以妥善安排（图 4.8）。

图 4.3　丹麦新奥尔胡斯大学医院——医院城的设计概念图（资料来源：Møller 2012）

公共广场是最重要的交通通道：作为医院的中心，公共区域设计独特且宽敞。环形道路从这里通过不同通道发散到各个专业区域。东北方位的通道连接现有的主要入口，与新的医院交通形成统一整体；南边的通道则是一个过渡区域所连接的走廊，这样可以形成清晰、明了的分散点，使每个专业区域各具特色。

新奥尔胡斯大学医院的整体风格更倾向于结构疏散而非小巧紧凑，原因有两点：一是为保持并加强人性化设计，保存已有建筑的原本特征；二是参考了原有小镇的空间组织模型。正因为患者使用并依赖这样的医疗环境，所以设计的目的就要着眼于易识别的物理环境并创造富有特色的人性化空间。

图 4.4 丹麦新奥尔胡斯大学医院——主要入口所在的广场。公共广场是最重要的交通通道：作为医院的中心，公共区设计独特且宽敞（资料来源：**Møller 2012**）

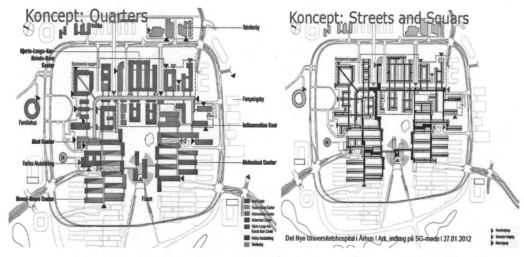

图 4.5 整个多层的城市系统包含住宅区、街道、广场等多种功能区，从独特的公共区域到分散型广场，都表明了这是一个覆盖了"公共空间、半公共空间、私密空间、紧密空间"的富含逻辑的分层系统。城市区域的不同命名意味着，患者和访客可以快速理解空间的分布和功能（资料来源：**Møller 2012**）

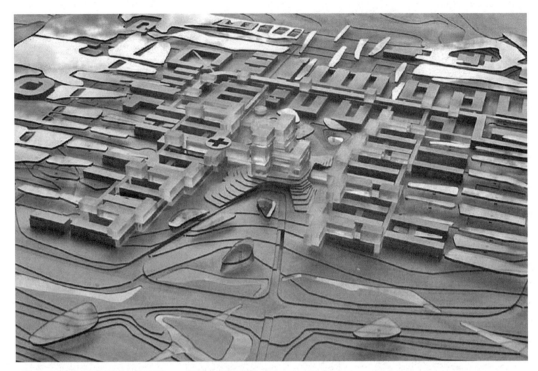

图 4.6　丹麦新奥尔胡斯大学医院——模型（资料来源：Møller 2012）

图 4.7　丹麦新奥尔胡斯大学医院——公共广场是最重要的交通通道：作为医院的中心，公共区设计独特且宽敞
（资料来源：Møller 2012）

图4.8 丹麦新奥尔胡斯大学医院——住院部大楼日间＋夜间景观（资料来源：Møller 2012）

4.1.2 新奥尔胡斯大学医院治疗环境

DNU咨询团队根据循证设计（Hamilton 2003）开发了"环境愈合轮"项目，并以此为基础规划了整个医院项目。"环境愈合轮"项目印证了弗洛伦斯·南丁格尔（Florence Nightingale）于1885年在书中所写："几乎没有人能理解美丽多样的事物对疾病的影响，特别是那些有着灿烂色彩的事物。在人们的认知里，这种影响只对心理起作用，然而事实并非如此，它对生理也起着作用。我们不知道事物的构造、颜色和光线是如何影响我们的，但它们对人体生理产生的影响却是毋庸置疑的。将形式多样、色彩灿烂的事物呈现给患者观赏，也是一种治疗方式"（图4.9）。

根据弗洛伦斯·南丁格尔的著作，医院项目采纳了新的循证设计。循证设计是一门相对较新的学科，没有太多的科学理论基础。因此，"环境愈合轮"只在"有证可循"的一些领域或合适部分加以运用。"环境愈合轮"的12个组成部分为：赋权和人因工程学、日光、单人病房、声音、人造光、园林景观区通道、通信与物流、材质、室内气候、艺术、信息技术以及设计和装饰（图4.10，图4.11）。

1. *赋权和人因工程学*：要尽可能赋予患者自主控制环境因素的权利。比如，调节光线、取暖、通风和音乐等（Guarascio-Howard 2011；Williams & Irurita 2005）。

2. *日光*：日光不仅可以影响用户的幸福指数，对生理健康也非常重要。日光保证人们的昼夜节律正常调节；可以稳定情绪，调节整体气氛，具有抗抑郁作用。研究表明，患者居住在有窗户的房间里的，尤其是窗外有绿色景观的，平均康复时间更短，并发症更少，对止痛药的需求也更少（Walch et al. 2005；Figueiro et al. 2002；Beauchemin & Hay 1996；Ulrich 1984）。设计师已经认识到光线的重要作用，开始注重精心设计、尽早优化自然光线的射入，强化采光效果，避免房间光线不适而引起的其他问题，比如过热和眩晕等。除了提高个人舒适度，有意识地利用日光也有助于节省人造光的电力消耗。如此，控制日光射入有利于兼顾环境和经济效益。

图 4.9 丹麦新奥尔胡斯大学医院——公共区域。注重精心设计、尽早优化自然光线的射入，强化采光的积极作用，避免房间光线不适引起的其他问题，比如过热和眩晕等（资料来源：**Møller 2012**）

3. *单人病房*：研究表明，单人病房有许多利于患者康复的优点，例如较低的感染率、较低的用药错误概率，以及较少噪声影响（Ben-Abraham et al. 2001；Hahn at al. 2002；Mcmanus et al. 1992；MacLeod et al. 2007；Hagerman et al. 2005）。

单人病房便于患者活动，例如社交、用餐、会见家人和朋友、购买生活必需品、四处走动或锻炼身体等，这都极大地满足了患者身体活动与健康需求。单人病房同时也使患者和医护人员的谈话得到保护，防止被偷听；私密性也是良好治疗的基础。支持多床病房的人员认为，多床病房在建造和运作时可有效降低成本。但事实上从社会角度分析，入院时间更短表明单床病房更经济。

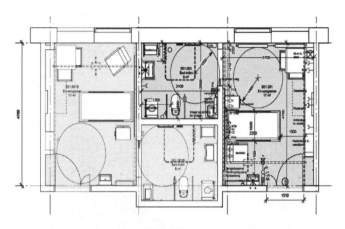

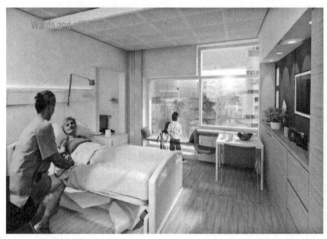

图 4.10　丹麦新奥尔胡斯大学医院——单人病房。研究表明将自然采光最大化的精心设计能使住院感染率最小化，提高患者安全性，增强个人隐私，加强交流和保密性，促进恢复。单人病房的大小约为 24 平方米，符合适敏性房间的需求。通常，全适应型房间设计为 18.6～27.9 平方米（280～300NSF），外加配套的卫生间和淋浴间（资料来源：**Møller 2012**）

4. *声音*：一个房间的传声特性决定了声音如何传播。医院存在不同的噪声源，比如人员走动、交谈、工作、机器运行、交通噪声等同时存在。经测试，医院里噪声平均 40 秒的最高值甚至接近 100dBA，这近乎割草机的噪声，由此可见医院里的噪声水平已经明显超过用户需要（Busch-Viahniac et al. 2005）。在医院中，硬表面和硬材料需要例行清洁，以控制感染。同时，降低噪声可以使患者降低血压，并且缓解焦虑和疼痛。缓解患者和医护人员由噪声引起的压力，以保证患者睡眠和休息质量，这是整个治疗过程中的必备环节。良好的声音质量对室内环境意义重大，因此，合理的空间布局和配置以及吸声材料，可以优化病房声环境并减少噪声污染（MacLeod et al. 2007；Hagerman et al. 2005）。

5. *人造光*：人造光满足了功能和审美的双重需求。灵活多样的照明系统可以提升工作效率并减少用药错误（Buchannan et al.1991）。通过改善区域外观，可使患者产生积极的心理效应，提升幸福感，还可以更好地辅助诊断和检查，比如评估肤色的变化等。室内外灯具配件的选择和光源的选择要与功能性、审美性相适应，还要注重能源节约（Li et al. 2010）。因此，在通过窗户和天窗的日光不充分时，新奥尔胡斯大学医院的人造光将和日光同时担负起照明的任务。

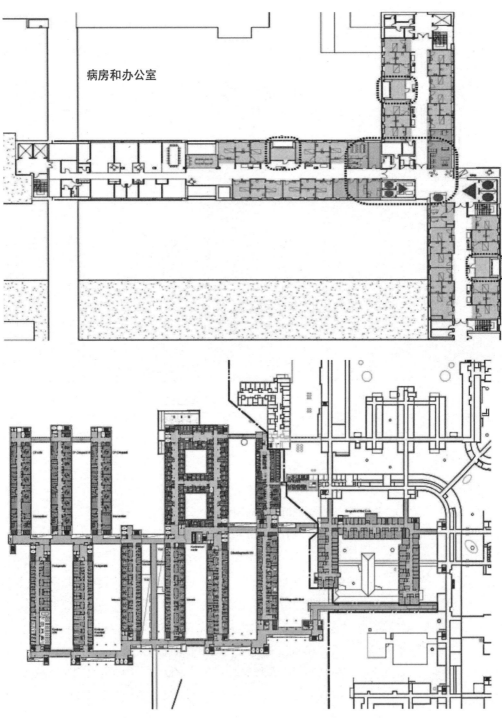

图 4.11　丹麦新奥尔胡斯大学医院——标准层布局（资料来源：Møller 2012）

6. *园林景观区通道*：患者需要接近公园和景观绿化区。大自然对减少压力和疲劳有积极作用。研究表明，它对健康和治疗也有积极促进作用。观赏或者接近大自然可以减少疼痛，缓解焦虑和抑郁情绪（Ottosson & Grahn 2005；Grahn & Stigsdotter 2003；Tennessen & Cimprich 1995；Cimprich 1993）。在新奥尔胡斯大学医院内设置花园，允许患者多加走动，让患者通过锻炼和活动促进内啡肽的释放，这对患者的康复治疗会产生积极作用。同时，公园也可以为患者与病友、家人、朋友提供安全方便的交流场所（图4.12～图4.14）。

图 4.12　丹麦新奥尔胡斯大学医院——绿色广场和花园。其均为易于辨识的区域，且将不同的装饰和特点作为固定的标记物，可用来导航和指路（资料来源：Møller 2012）

图 4.13　丹麦新奥尔胡斯大学医院——公共区域。医院的流线易于辨认方向，清楚明了，易于理解，方便医护人员和患者使用（资料来源：Møller 2012）

图 4.14　丹麦新奥尔胡斯大学医院——公共区域。医院的流线易于辨认方向，清楚明了，可以方便医护人员和患者等不同的用户使用（资料来源：Møller 2012）

　　7. *通信与物流*：未来的新医院将与周围环境和背景产生强烈关联，这就是新奥尔胡斯大学医院的设计基础。医院的流动区域易于辨认且清楚明了，可以极大方便不同的用户（包括医护人员和患者）行走和使用（Passini et al. 2000）。这就意味着设计过程中应该避免使用那些可能误导患者并引起焦虑情绪的地板图案或墙面等。医院中央设置的大型景观花园（即公园），因其特殊性和观赏性成为医院最具区别特征的地标性建筑。其他建筑物和通道都有自己易于辨识的设计方法以帮助导航，避免迷失方向。医院设计和建造过程中采用了最新的技术促进交流与合作，可以增加用户满意度。例如，德语或西班牙语的标志、手持信息接收器等，都可以帮助用户了解建筑物的相关信息（O'Connor et al. 2009）。

　　8. *材质 / 表面*：材质和建筑表面之所以重要，是因为它们可以直接影响用户的感官感受。要满足多种用途、愉悦感官、审美丰富、健康舒适的要求，医院组织、职业卫生服务、研究者、顾问和政府当局就有必要采用新交流媒介，通力合作，提供能够增强幸福感的健康环境（O'Connor et al. 2009）。新奥尔胡斯大学医院项目将许多环境变量和因素考虑在内，包括建筑表面设计、建造和完成方式等。最终医院选择了对室内环境有积极作用的创新产品和自然材料，保证了大量可循环利用材料的使用，同时保证建筑的装配组件也使用再生材料。例如会议室、拱廊或广场这样的公共场所的墙壁和地面，则部分或全部采用具有震撼视觉效果且耐用的木材保护层。

　　9. *室内气候*：建筑的室内气候质量会影响居住者的身体健康、幸福指数、生活质量和工作效率。医院里的患者身心状况尤为脆弱，因此要求医护人员高效地工作。相应的，尤其是室内温度、空气质量和相对湿度这种室内气候都可以影响居住者的身心健康和医疗设备的使用。维护室内气候的基本原则是建筑物和其物理构成均应无害。有害的物质可能造成环境空气污染，并引起急性呼吸道感染。大量研究已经证明，室内空气污染与急性下呼吸道感染（Smith et al. 2000；Ezzati & Kammen 2001）、慢性阻塞性肺病（Bruce et al. 2000；World Health Organisation 2002），以及一些较严重的疾病如肺功能降低、免疫系统损害和肺癌等疾病（Zhang & Smith 2007）都存在关联。

新奥尔胡斯大学医院在建设过程中使用了质量高、绝缘性好的材料，精心设计了门窗位置，并且为了防止过度日晒而采用了质量良好的玻璃和防晒遮阳帘，因此营造出了最佳的室内气候。这些尝试都为满足室内光环境、自然通风和气温调节的需求提供了有力的证据和参考。从设计到建筑使用均减少了对技术装备的依赖性，因此不仅降低了能源使用率，还保证了最佳的室内热度。材料方面的应用，尽量使用不透气或者少量透气的材料，以实现空气过滤的目的，这样既保证了理想的室内气候，又起到保护环境的作用（图 4.15～图 4.17）。

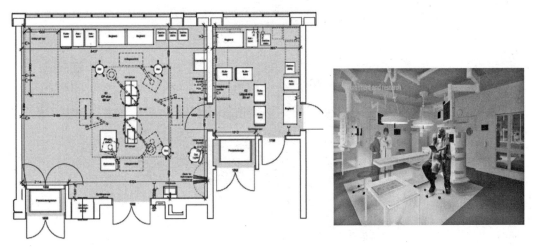

图 4.15　丹麦新奥尔胡斯大学医院——手术室。保持最佳室内气候的基本原则就是：建筑和其物理构成条件应该尽可能无害（资料来源：Møller 2012）

10. 艺术："功能"和"形式"是两个互相交织、密不可分的基本元素，两者相互定义并共同作用。遇见艺术就是遇见非同寻常的东西，可视艺术与建筑功能之间的关系是个长期存在争议的话题。运动场上的艺术可以提供娱乐消遣，同样，无菌空间的艺术也可以加强审美（Belver & Ullan 2011；Cusack et al. 2010；Staricoff et al. 2003）。新奥尔胡斯大学医院的建设可以看作是一次在特殊地点的公共艺术展示，具有路标和审美双重作用。因此，在设计的前期尽可能地顾及艺术品的使用，使之有足够的发挥空间，让患者、医护人员和访客都有接触艺术的机会。

11. 信息技术：未来的医院肯定是向数字化方向发展，新奥尔胡斯大学医院的无线信息设备为医护人员和患者能通过数字形式的信息沟通交流提供便利。无处不在的电脑设备使医疗护理不受时间和地点的限制，并且可以促进不同医护层面的沟通和协调，这对提高医疗水平的意义十分重大。

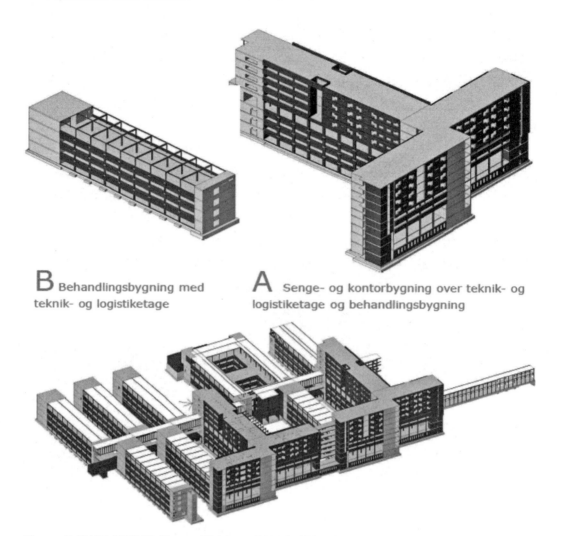

图4.16 丹麦新奥尔胡斯大学医院——两栋略有不同的基本类型的标准化建筑占据了建筑（总面积约170000平方米）的80%。两栋建筑通过不同规模的走廊相连。另外，还有一些特有建筑满足不同的专业需求（资料来源：Møller 2012）

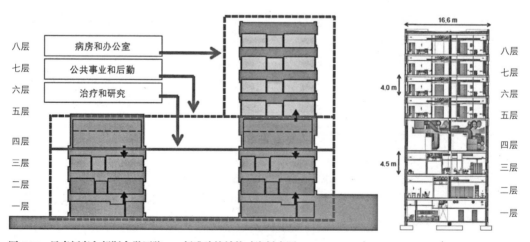

图4.17 丹麦新奥尔胡斯大学医院——标准建筑结构（资料来源：Møller 2012）

12. *设计 / 装饰*：新奥尔胡斯大学医院可以看作是传统设计和现代设计的完美结合。医院的装饰有意识地选择了设计精良、性能良好的产品。所使用的医疗器械或固定装置也可以协助解决治疗过程中出现的问题。事实上，随着医院的运行发现，这些固定设备带来的好处远不止这些。设计师希望可以在设计中将设备、先进技术、美观、良好的用户体验和环境改造学相结合，主要目的是改善医护人员工作环境，减少操作失误和相关伤害。用舒缓美观的设计取代机械化设计，有助于增强患者信心，缓解紧张情绪。

同样的，精心设计的装修及材料既可以满足医护人员对高效工作环境的需求，也能满足患者对用户友好型空间的需求。舒适的内部环境有助于产生良好的工作和生活氛围，并且有助于缩短治疗时间。以人为本的病房设计需要考虑到家具、医疗配件及其他固定设施，而实现医疗建筑现代化的必要条件是配合使用高效的信息技术。

13. *可持续设计——"环境愈合轮"的第13个整合部分*：在新奥尔胡斯大学医院的项目中，可持续设计通过学习传统的"可走动式"小镇来实现，这个构想已经过一段时间的实践验证。在设计和施工过程中，探索低能耗和高标准配置的可持续解决方案是关键目标之一。另一个重要目标就是注重灵活性、全面性、适应性和标准化（比如，基于45种标准模式的2500间标准化房间），在不改变基本装置和构造的前提下，进行功能性转变，缩减重建的时间和成本，降低生产损耗（表4.2，表4.3）。

新奥尔胡斯大学医院仍在考虑应该申请什么等级的英国建筑研究院环境评估认证（BREEAM）。该项目应该是远远超过BREEAM"很好"（大于55%）等级的，应该可以达到BREEAM"优秀"（70%）或者"杰出"（85%）。并且，该项目表现出色，极有可能达到"杰出"水平。这也意味着建筑项目必须要得到特定的分数才会获得BREEAM评级（表4.2，表4.3）。

新奥尔胡斯大学医院采用了对室内环境十分友好的新型产品，自然材料的选择可以保证建筑材料的可循环利用。至于像会议室、拱廊和广场这样的公共场所的墙壁和地面，将会部分或全部采用耐用的木材保护层。

新奥尔胡斯大学绿色屋顶的使用可减少热量，降低温度，尤其在夏季，它可以减少进入建筑的电磁辐射和雨水径流（Villarreal et al. 2004）。绿色屋顶还可过滤空气中的污染物和二氧化碳，以减少空气传染和疾病（比如，哮喘）；除此之外，还可以过滤雨水中的污染物和重金属，隔离噪声（减少土壤表面，增加植物区域），还可以缓解铺筑路面和园林建筑工程带来的问题。绿色屋顶营造了一种自然的环境，这对动植物的生物多样性意义重大。采用绿色屋顶营造出的绿色区可以增加患者与自然的接触机会，创造放松的环境，使人们摆脱城市带来的压力，这是混凝土和沥青建筑不能做到的。丹麦斯科泽·奥尔胡斯的Handelsfagskolen项目于2009年获得了"斯堪的纳维亚绿色屋顶奖"（Scandinavian Green Roof Award 2009）的冠军，为奥尔胡斯大学医院提供了良好的借鉴意义（图4.18，图4.19）。

"通过"到"杰出"的五个 BREEAM 等级需达到的最低标准，等级越高责任越大　　　　　表 4.2

<25%	不及格	
>25%	通过	获得"通过"（30%）等级，且必须得到以下分数 ● 管理：Man 1——调试 ● 健康：Hea 4——高频率光照 ● 健康：Hea 12——细菌污染
>40%	良好	获得"良好"（45%）等级，且必须得到以下分数 ● 水：Wat 1——水资源消耗 ● 水：Wat 2——水表 NHS 规定，对于现有建筑，医疗设施在商业概述里必须达到"良好"等级
>55%	很好	获得"很好"（55%）等级，且必须得到以下分数 ● 能源：Ene 2——采用辅助计量的能源使用 ● 用地＋生态：LE 4——减轻生态破坏
>70%	优秀	获得"优秀"（70%）等级，且必须得到以下分数 ● 管理：Man 2——建设人员全面考虑 ● 管理：Man 4——建筑使用者指南 ● 能源：Ene 5——低碳排放或者零碳排放技术 ● 垃圾：Wst 3——收集可回收利用的垃圾 ● 能源（附加）：Ene 1 "减少二氧化碳排放"（即对新的办公楼来说，能源效能证书要在 40 分及以下）必须达到最小值 6 NHS 规定，对于既有建筑，此医疗设施在商业概述里必须达到"优秀"等级
>85%	杰出	获得"杰出"（85%）等级，且除满足以上条件外，还须得到以下分数 ● 管理：Man 2——调试要得到 2 分 ● 管理：Man 2——建设人员全面考虑 ● 水：Wat 1——水资源消耗 ● 能源：Ene 1——减少二氧化碳排放，必须达到最小值 10（即对新的办公楼来说，能源效能证书要在 25 分及以下） BREEAM 规定，建筑投入使用三年内必须获得使用认证。这包括：（a）收集使用者和居住者满意度，能源和水的消耗量；（b）利用数据持续预计情况；（c）设定缩减目标，监测水和能源的消耗量；（d）给设计团队，开发商和英国建筑研究院（BRE）提供每年的消耗数据和满意度数据。而且，申报的建筑必须作为案例研究发表（资料来源：BRE Global）

注：此外，申报的建筑必须要做建设后期检查（之前不需要检查，除非委托人要求）。在设计和完工过程中，工程师没有
受到处罚或者因为其他原因被逮捕，是不可以被 BREEAM 以外的评价系统评价的。

新奥尔胡斯大学医院——BREEAM "杰出"等级要求的分数　　　　　　　　　表 4.3

	分数	描述
管理——占12.5%（鼓励建筑过程的持续调试、环境管理、员工培训和采购）	Man 1 ［2分］	调试：旨在寻找合适的建筑服务调试，以全面协调的方式保证使用中建筑的最佳表现。 1 分：任命合适的项目组成员监察调试情况，保证执行现有的最好标准。 2 分：除此之外，第一年投入运作或者建设完成后展开季节性的调试工作
	Man 2 ［2分］	建设人员全面考虑：考虑到环境因素和社会因素，并且为之负责。 1 分：保证遵循最佳地点管理原则。 2 分：保证高于最佳地点管理原则
	Man 4 ［1分］	建筑使用者指南：为非专业的建筑物使用者提供指南，使之易于理解并有效操作。 1 分：提供的指南简单易懂，并且包括了住户的相关信息、非技术性的大楼操作和环境保护方面的管理者信息

续表

	分数	描述
健康——15%（联系，社区咨询，设备共享，员工和患者授权）	Hea 4 ［1分］	高频率光照：减少荧光和闪烁光造成的健康问题。 1分：安装日光灯或者小型日光灯
	Hea 12 ［1分］	细菌污染：旨在确保建筑的设计可以减少手术室里的细菌传播。 1分：通过设计减少水和空气传播的细菌污染
能源——占19%（减少碳排放，控制热量和光，能源监测设施，结合使用日光和其他发电光源）	Ene 1 ［10分］	10分：减少二氧化碳排放：认可并鼓励绿色建筑，使二氧化碳排放量和能源消耗量最小化。 15分：建筑的结构和服务的能源使用效率提高，从而减少运作时产生的碳排放
	Ene 2 ［1分］	能源的使用：采用辅助计量的能源使用，以检测能源消耗量。 1分：建筑物内可以通过辅助测量直接监测能源使用情况。 2分：满足以上条件，还要保证辅助测量与能源管理系统（BMS），或者其他控制装置联合运作（证据列表＋认可证：要求满足半小时收集的计量数据要超过40）
	Ene 5 ［1分］	低碳排放或者零碳排放技术：旨在鼓励使用可再生资源以满足大部分的需求，减少碳排放和大气污染。 1分：建筑地及周边地区使用低碳排放或者零碳排放技术（LZC），并且得到好的成果。 2分：已经得到1分，还需通过使用当地可行的低碳排放或者零碳排放技术，将建筑物的碳排放减少10%。 3分：已经得到1分，还需证明通过使用当地可行的低碳排放或者零碳排放技术，建筑物的碳排放减少了15%。 1分的另一个选项：接受与能源供应商签订的合同，保证提供足够的能源，达到100%可再生能源的标准（注：无需交规定的绿色税）
交通——占8%（通过提供停车场、毗邻公共交通点，接近当地便利设施，设计绿色交通计划等，减少碳排放）		
水——占6%（监测耗水量，通过使用节水坐便器、废水回收等减少水资源消耗）	Wat 1 ［2分］	水资源消耗：旨在鼓励使用节水装置，使公共饮用水的耗水量最小化。 3分：水龙头、小便池、厕所、淋浴装置与同规格装置相比，消耗较少的饮用水
	Wat 2 ［1分］	水表：确保水的消耗量可以被监测和管理，从而减少水资源消耗量。 1分：建筑中主要的供水装置均安装了固定功率的水表
材料——占12.5%（使用可持续性材料，禁止使用有害材料）《BRE绿皮书》（*BRE's Green Book Live*）＋《绿色指南详解》（*Green Guide to Specification*）提供了相关信息，使得这个分数比较容易获得		
垃圾——占7.5%（减少垃圾，回收垃圾，分析垃圾流）	Wst 3 ［1分］	收集可回收利用的垃圾：鼓励垃圾分类回收，减少垃圾填埋或焚烧。 1分：提供了集中可回收的垃圾区域
土地使用和生态情况——占10%（保护生态特征，引入自然栖息地，重复利用选址地区，完善生态功能）		
污染——占10%（监测并处理污染、氧化氮排放、臭氧消耗，噪声污染和焚烧处理等）		
创新——占9%（提供其他认可的、超出现有BREEAM标准的、支持创新可持续性的策略，完善管理过程或创新技术）		

图 4.18 丹麦新奥尔胡斯大学医院——典型的绿色屋顶（资料来源：Møller 2012）。绿色屋顶的使用可减少热量，降低温度，尤其在夏季，减少进入建筑的电磁辐射和雨水径流（表 4.2，表 4.3）

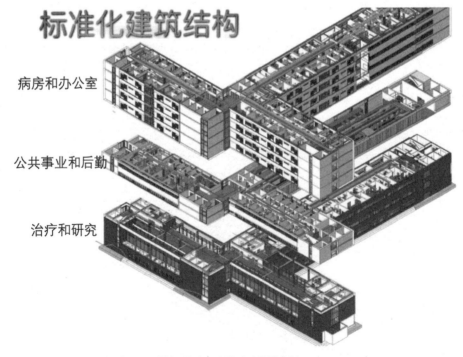

图 4.19 丹麦新奥尔胡斯大学医院——建筑服务和工程策略（资料来源：Møller 2012）

4.1.3　新奥尔胡斯大学医院设计启示

新奥尔胡斯大学医院设计参照了丹麦小镇 Ribe，因此采取可持续设计和循证设计相结合的方式是顺理成章的。设计吸取了之前的建造经验并成功复制，比如，认识到空间组合结构的重要性，这种结构其实植根于包含住宅区、街道和广场的一个多样的、动态的、绿色的城市层系里。传统的小镇之所以成为一个概念性的起点或者方法，是因为它十分有条理地规划住宅区以及其他多功能区域。

医院不应仅是一个建设项目，而应当是一个多样化的、充满活力的"绿色"城市地区发展的催化剂，以及一个涉及艺术和科学的文化建筑项目。新奥尔胡斯大学医院作为一所大学医院的同时，也是该地区市民的医疗场所。新奥尔胡斯大学医院项目有明确的目标：

- 加强合作，提高医疗质量和临床效率；
- 优化患者护理，并结合研究和教学；
- 提供最佳的工作条件、高质量的工作环境以吸引高素质人才；
- 提高设备管理效率，降低运营成本；
- 减少内部运输时间和噪声污染。

这些目标被分为三组：

设计项目目标 I

1. 提出此项目的规模和长期发展的设计方案，目标是将它打造成一个"医院城"——可以不断变化的有活力的、多样的城市结构。

2. 紧密结合医院城区和周围风景区；保证良好的观景视角，鼓励户外空间的应用以供娱乐；优化康复环境。

3. 基于全自动化的交通系统和数字系统化的工作过程，整合现存医院的功能、技术与后勤管理（图 4.20，图 4.21）。

设计项目目标 II

1. 着眼于循证设计标准，确保最佳工作环境，从而保证高效专业的医疗护理，减少医护人员和患者的压力。

2. 参考英国健康安全执行标准（HSE）的可持续解决方案。

设计项目目标 III

1. 注重灵活性、全面性、适应性和标准化设计，在不改变基本构造的前提下，允许进行功能性变化，快速节省地重建，减少生产损失。

2. 基于 45 个标准类型的 2500 间标准病房。

3. 参考英国健康安全执行标准（HSE）的可持续解决方案。

《医院规划信息和指导》(*Hospital Planning Information and Guidance*) 作为一个文本依据或者一套程序，主要作用是促进该设计项目目标的实现（表 4.4）。

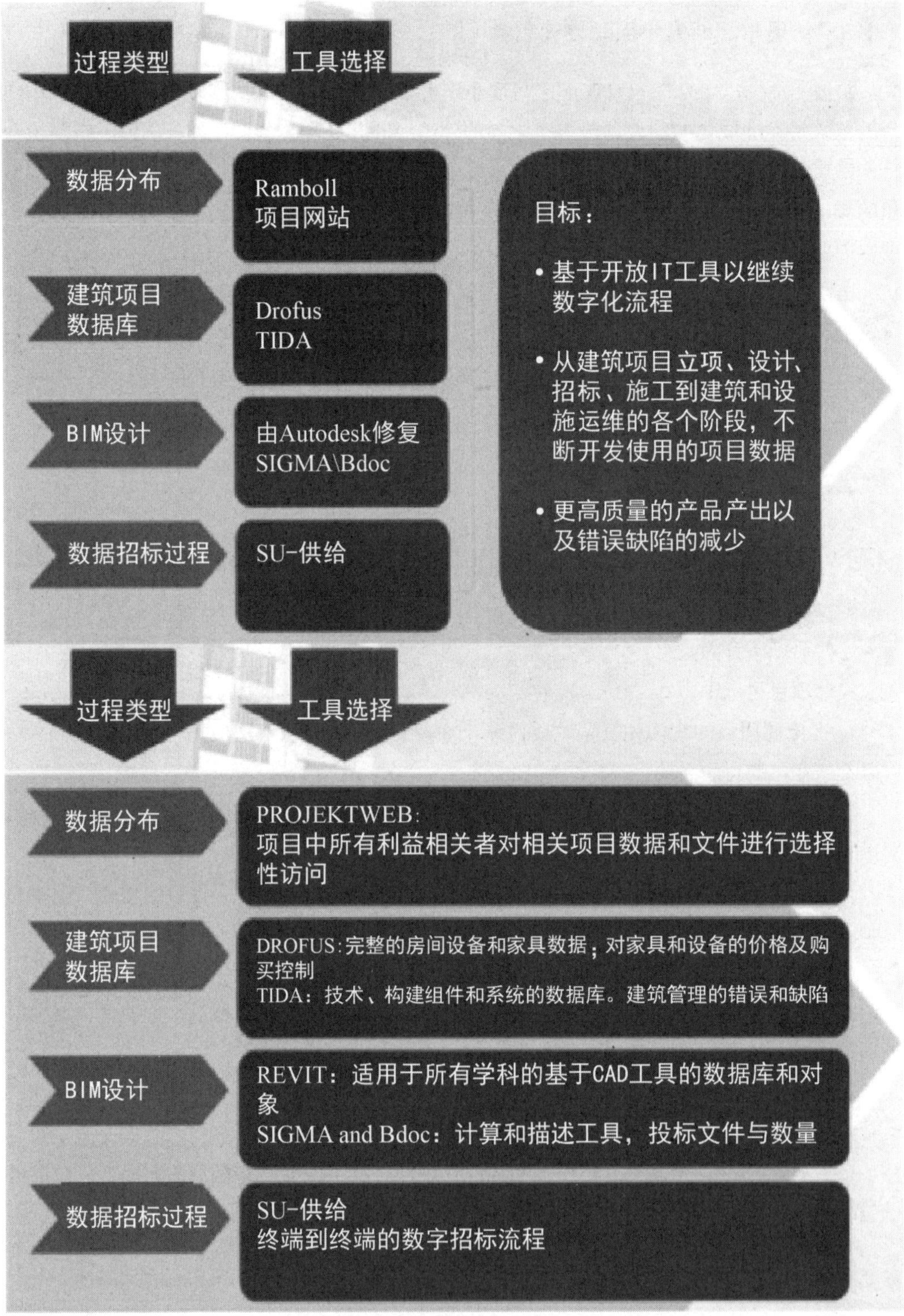

过程类型 **工具选择**

数据分布 → Ramboll 项目网站

建筑项目 数据库 → Drofus TIDA

BIM设计 → 由Autodesk修复 SIGMA\Bdoc

数据招标过程 → SU-供给

目标：

• 基于开放IT工具以继续 数字化流程

• 从建筑项目立项、设计、 招标、施工到建筑和设 施运维的各个阶段，不 断开发使用的项目数据

• 更高质量的产品产出以 及错误缺陷的减少

过程类型 **工具选择**

数据分布 → PROJEKTWEB： 项目中所有利益相关者对相关项目数据和文件进行选择 性访问

建筑项目 数据库 → DROFUS：完整的房间设备和家具数据；对家具和设备的价格及购 买控制 TIDA：技术、构建组件和系统的数据库。建筑管理的错误和缺陷

BIM设计 → REVIT：适用于所有学科的基于CAD工具的数据库和对 象 SIGMA and Bdoc：计算和描述工具，投标文件与数量

数据招标过程 → SU-供给 终端到终端的数字招标流程

图4.20 丹麦新奥尔胡斯大学医院——信息技术工具的应用（1）（资料来源：Møller 2012）

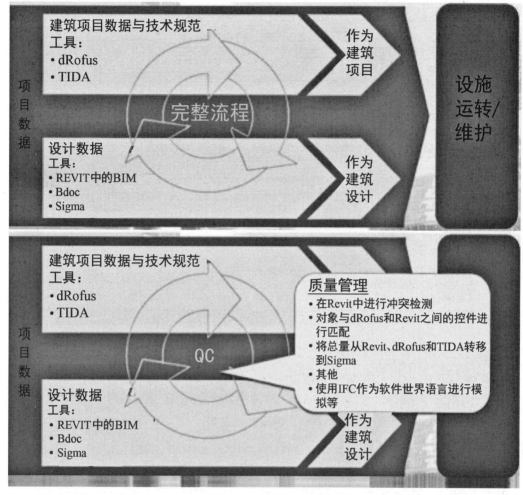

图 4.21 丹麦新奥尔胡斯大学医院——信息技术工具的应用（2）。 数据库的更新贯穿全过程，从建筑设计、招标、建设到使用和评估。使用最新信息技术工具，以提高建筑质量以及减少错误为目标（资料来源：Møller 2012）

医院规划信息和指导   表 4.4

具体项目的规模调整	
面积	• 总体分配——细胞学科占 2.0，精神学科占 1.8； • 一般楼层的单人住院病房标准（33～35 平方米）
能力	• 预计需求——2007 年至 2020 年间，减少 20% 的病床数和增加 50% 的门诊患者数量
场地总体调整 20%	
	• 提升医疗能力利用率（比如，运营时间为全年 245 天，每天 7 小时）； • 旨在把医院建设得更灵活，而非更大
项目成本节约以适应长期标准	
	• 大学医院绿色区域的建造：29000 丹麦克朗 / 平方米（其中 25% 用于信息技术，扫描仪和其他设备）； • 其他新建造和扩建部分：27000 丹麦克朗 / 平方米（其中 20% 用于信息技术，扫描仪和其他设备）； • 精神学科大楼项目：22000 丹麦克朗 / 平方米； • 改建项目——节约 20%

已确定的总框架
• 整个医院的项目框架已确定； • 该区域不允许投入更多的资金； • 建造面积须严格按照政府承诺的标准； • 允许建造超出规定面积，但不能少于规定； • 每平方米的价格已确定； • 一份详细释义里明确 20%～25% 用于信息技术设备； • 该框架的 70% 将被用于以患者为中心的设施上

8 个重点发展的主要部分
• 以患者需求为中心的组织结构； • 新的管理模式； • 与其他环节的界定与联系； • 急诊部门和有条理的急性病治疗； • 方便快捷地找到各科门诊室； • 手术室的工作流程； • 门诊部门的工作流程； • 工作室和可移动的工作站

资料来源：Office for Health and Social Politics，Danish Regions 2012。

　　"环境愈合轮"作为整个医院项目的规划基础正在不断发展，新奥尔胡斯大学医院也认识到循证设计的重要性。循证策略的运用证实了隐含因素对医院设计的重要影响，即它们能提供一个促进患者康复、提高医护人员工作效率且能改善治疗效果的医疗环境。

　　1. 尊重隐私和陪伴——允许患者自由控制共享空间；

　　2. 视野——可以接触户外环境；

　　3. 自然——室内外相连通；

　　4. 环境——提供舒适的自动控制系统（温度、光、声音、空气）；

　　5. 空间可读性——使用者方便清晰定位地点。

　　新奥尔胡斯大学医院通过采用"客户＋用户＋顾问"对话的程序，促进可持续设计和循证设计的实施，因此设置了双重目标来保证项目成功：（1）了解从医院组织到项目转变的必要知识；（2）保障目标医院的主导权和选择权，并且提出适用的功能性和技术性解决方案（图 4.22）。

　　可持续设计在新奥尔胡斯大学医院设计的不同阶段均有实施，从小镇规划、单个建筑的组成到每个元素的设计，甚至包括相关装配，无不体现着可持续性发展的理念。值得一提的是，项目采用了对室内环境友好的新型产品。自然材料的选择可以保证建筑材料的循环利用，也可以保证建筑组成和装配的可循环使用。对于例如会议室、拱廊和广场此类公共场所的墙壁和地面，部分或全部选择了有视觉效果的耐用木材保护层（图 4.23）。

　　新奥尔胡斯大学医院采用了绿色屋顶设计，可以通过增加重量和热阻来减少热量，尤其在夏季，用蒸发法降低温度，并减少进入建筑的电磁辐射和雨水径流（Villarreal et al. 2004）；绿色屋顶也可过滤空气中的污染物和二氧化碳，减少空气中病毒传染，过滤雨水中的污染物和重金属。由于泥土可隔离低频音而植物可隔离高频音，因此绿色屋顶具有隔离噪声的功能；还可以缓解道路和风景区硬地面带来的环境问题。绿色屋顶营造了一种自然的环境氛围，并对生物多样性意义重大。

采用绿色屋顶可以增加自然景色与使用者接触的机会，从而创造放松的康复环境，降低治疗过程中的压力，这是混凝土和沥青建筑所达不到的效果。

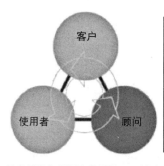

双重目标对项目成功至关重要
1. 从医院组织到项目的基本知识转移；
2. 确保医院组织中的锚点及所有权或"购入"符合项目目标和框架条件的功能和技术解决方案

合作的基础
1. 每个部分必须建立一个专门的组织并分配给足够的资源；
2. 必须明确界定和承认每个部分的作用；
3. 这三个组织必须相互映射反馈；
4. 最薄弱的部分设定并确定进程的节奏

图 4.22 丹麦新奥尔胡斯大学医院——涉及客户、使用者和顾问的对话过程（资料来源：Møller 2012）

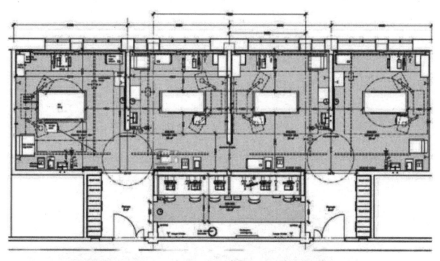

图 4.23 丹麦新奥尔胡斯大学医院——员工区。此模式将设备、先进技术、美观、用户良好体验与环境改造学相结合，以改善医护人员工作环境，减少操作失误和相关伤害（资料来源：Møller 2012）

4.1.4 霍顿乐春初级护理中心，英国（Houghton Le Spring Primary Care Centre，Sunderland，South Tyne & Wear，UK）

竣工于2011年的霍顿乐春初级护理中心是由桑德兰教学初级保健信托联合委员会和桑德兰市议会下属的P＋HS建筑师事务所共同设计的。

霍顿乐春是桑德兰初级护理信托的第四个开发项目（另三个项目是Washington、Bunny Hill、Grindon Lane），选址接近休闲场所或者与其设施（学校体育馆、休闲大楼等）相结合，便于用户接近休闲服务。作为P＋HS建筑师事务所为南泰恩和威尔国民保健体系（NHS South of Tyne & Wear）设计的第六个健康护理项目（六个项目包括霍顿乐春、Blaydon、Wrekenton、Grindon Lane、Riverview、Washington），霍顿乐春初级护理中心从之前的项目中吸取了大量经验。

霍顿乐春初级护理中心的目标是扩展服务范围，使护理更接近患者的住所和工作地点；加快现代化医疗服务建设；促进服务模式重新配置；提供合作机会，保障公共健康，创建综合健康和社会护理服务的"节点"（图4.24～图4.26，图4.38，表4.5）。

图4.24 霍顿乐春初级护理中心——主入口（资料来源：P＋HS Architects 2012）

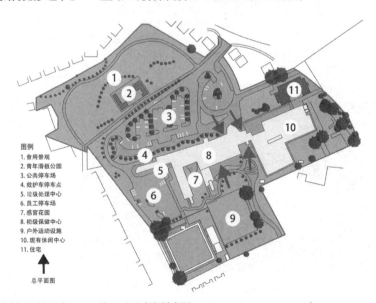

图4.25 霍顿乐春初级护理中心——总平面图（资料来源：P＋HS Architects 2012）

图4.26　霍顿乐春初级护理中心——模型（资料来源：P＋HS Architects 2012）

霍顿乐春初级护理中心——信息一览表　　　　　　　　　　　　　　　　　　　　　　　　　表4.5

建造详情：初级护理中心由以下部门构成：轻伤部门／小手术部门，诊断部门（X光，超声波，回升测探），治疗部门（小手术，治疗室和康复区），计划护理部门，24小时单人病床／独立康复房间，咖啡厅，厨房，会议室，物理疗法部门，健身房等。同时，设有不可或缺的运动和休闲设施，包括新的入口和接待区，新舞蹈工作室（前体操馆），新健身房内有跑步机、动感单车、划船机、阻力器等，新咨询室，多用途游戏区，室内保龄球区，健身房大厅，更衣室和浴室	
建造规模：建筑面积接近7500m²（内部建筑总面积：5600m²）	
成本：2500万英镑	
建造方法：两层楼采用钢架结构和砂岩砖石结构，幕墙采用千思板覆盖，砂岩来自当地斯坦克利夫地区的石头（原来是High Nick Quarry Hexham采石场），门和窗户采用聚酯粉末涂层铝框双层玻璃，以及铝质遮阳板	
采购方式：景观框架包括设计与建筑公司（Design & Build）。景观框架承包商Willmott Dixon采用NEC形式	
设计团队：P＋HS Architects，Cundall Structural Engineers，Mott MacDonald M&E Engineers，Breathing Buildings（研发工程师负责革新保温墙）	
承包商：Wilmott Dixon Construction Ltd。第二承包商：LJJ Contractors（M&E负责细节设计，选址实施和试运营）	
循证医疗建筑设计的特征和介入：提升当地的健康和社会保障水平包括：扩大服务患者的范围；展开康复服务，并使患者获得生活技能，更加独立地生活；使医疗服务更接近患者的住所和工作地点；加快服务现代化；促进服务模式重新配置；提供合作机会促进公共健康，重视其与健康结果的联系，比如心脏病、肥胖症和癌症的预防、发现、诊断和治疗；创建综合健康和社会护理服务的"节点"	
可持续设计的特点：在同一建筑物实现一系列低能耗目标，获得BREEAM评分86.3分，超出"杰出"等级的85分门槛，2008年被评为BREEAM医疗建筑"杰出"等级（能源表现认证——EPC25），得分点包括： 1. 供热系统与一个500kW的地源热泵连接，并通过HWS系统向板式交换器提供热水以实现空间供暖和机械通风。大量的地热资源由地源热泵系统向覆盖场地的200个钻洞输送热气。另外，燃气冷凝式锅炉也可以同时支持地源热泵系统。 2. 蓄热体在夏季提供被动冷却。长达50m的蓄热墙为咨询室、开敞式等待区和咖啡厅提供了通风设备。蓄热墙被分为49个单独的通风井，使得各个区域有单独的通风设备，以减少感染传播的概率。夏季，蓄热墙用来冷却进入室内的空气。冷却的空气由通风井在夜间将其吸入墙内，降低外部带入的温度，然后在第二天提供给室内。冬天则使用混合通风策略，包括开敞式区域和咖啡厅内六个独特的电子排气管。冷空气进入室内后，与室内温暖的空气混合升温，最后才输送给居住者。 3. 在建筑物围护结构的U值相较于英国建筑标准审批文件L（UK Building Regulations Approved Document L）规定的最低标准提升了20%，透气率在最低标准之上提升了40%。	

4. 一个 350m² 的单晶硅太阳能电池组镶嵌在屋顶以补充电能，其中主要是为热泵系统和空气循环风扇提供电力。屋顶还安装了 10m² 的太阳能加热器以满足室内热水供给。

5. 一个 5.5kW 的风轮机。

6. 雨水回收用作厕所冲水。

7. 绿化屋顶以增加生物多样性。

示范工程强调微能源的生产和能源使用，参与当地社区关于可持续发展的生活方式与行为的讨论，目的是增强可持续发展的意识。该项目同时提出了软着陆框架（Soft Landing Framework），包括文件中的第 3 阶段交付准备（Stage 3 Preparation for Handover）、第 4 阶段初期护理（Stage 4 Initial Aftercare）和第 5 阶段延伸护理（Stage 5 Extended Aftercare）

该项目从设计、建设到应用，均要求增强可持续意识并强调对社区的积极影响。可持续发展通过提供良好的康复环境得以促进，并得到技术支持。

1. *提高当地健康和社会保健水平*：面对社会经济紧缩、公共开支削减、燃油价格上涨、房地产行业停滞、拖欠工资和低银行利率等社会问题，如何通过地区健康经济发展和改善来维持医疗行业服务水平是当务之急，也是世界医疗组织面临的挑战之一。

投资 2500 万英镑的霍顿乐春初级护理中心，作为南泰恩和威尔国民保健体系（NHS South Tyne & Wear）的一部分，将健康和护理带进千家万户，减少了公民不必要的住院治疗。

这对当地居民来讲是非常重要的。桑德兰初级保健信托的主要任务就是：提高当地居民的健康水平，并保证其平等地接受高质量健康护理，接受最好的社区和医院服务；致力于不断改善和提高医疗服务水平，包括全科医生和其他服务、社区护士以及药剂师、牙医、验光师等提供的服务；还要发展信托中心的学习能力。

2. *展开康复服务并使患者重新获得正常生活的能力*：在经历了手术等创伤之后，患者往往还没有准备好回归正常的生活，并且需要进行康复训练，使他们找回原来的生活状态。问题是，这些患者可以在哪里进行安全的康复训练？在医院还是在社区决定了是否发生"治疗间断"。社区住院部的重要功能是减少传统病房、进行康复训练以及一体化护理，短暂的危机干预简要评估用药变化和临时护理等（Boardman & Hodgson 2000）。

自 2013 年 4 月起，初级护理信托（Primary Care Trusts）的取消使盖茨赫德医疗保健 NHS 信托基金会（The Intermediate Care Assessment and Rehabilitation Service of Gateshead Healthcare NHS Foundation Trust）有机会管理 130 万欧元的资金，使之直接用于患者的康复训练，并帮助他们重新获得独立生活的技能。这项服务对象为年龄在 18～65 岁需要解决复杂问题及特殊护理的患者，并为他们提供了全面的治疗、评估和康复训练。

在有保障的社会医疗环境里，用户可以接受经验丰富的多学科团队的特殊护理，并且享受其他社交活动，以及共享教育和休闲设施。该服务的主要目标是通过他们的医疗服务，引导个体承担管理自身健康的社会责任（图 4.27～图 4.30，图 4.39～图 4.41）。

3. *带浴室的单人病房*：为了向不同病情的患者提供服务，该护理中心同时设置普通病房和特殊护理病房，包括从急性护理、稳定护理到重症护理的护理模式。这种模式已经作为增强灵活性的创新设计被广泛提出（Brown & Gallant 2006）。为减少患者因频繁移动而带来的不适感，病房和涵盖不同病情的护理模式已广泛应用。这些概念使医护人员配备可以更灵活和自由，并且可以长期适应患者人群、病情程度和统计调查的变化（图 4.31，图 4.32）。

医院病床供应有限，急诊病床需求增加，但由于急诊病房中长期住院患者的积聚导致了急诊病床的紧缺，进一步阻碍了住院治疗，这也是霍顿乐春初级护理中心逐渐减少住院床位的重要推动力。如果有合适的替代方案，可以避免大量的住院患者；如果有适当的社区和居住选择，许多长期住院的患者都可以提前出院（Boardman & Hodgson 2000）（图 4.31，图 4.32）。

在霍顿乐春初级护理中心，配备了 24 间带有配套浴室的大型单人病房，介于常规病房和家庭之间，适用于出院前的患者进行适应性生活。病房面积是 19 平方米，包括 4.5 平方米的洗浴设备、卫生间和洗手池，或者 7 平方米的淋浴、卫生间和洗手池，比英国健康建筑指定的病房面积 16 平方米和 4.5 平方米的配套卫生间标准要大很多（Phiri 2004）。护理中心提供了介于特护病房和普通病房之间的服务，并且病房中配套的病床与半私密的病房很相似，配有监控设施和医用气体。

图 4.27　霍顿乐春初级护理中心——接待和等待区。自然光可减少患者康复时间，改善他们的心情，以及增强健康感和幸福感（资料来源：P＋HS Architects 2012）

图 4.28　霍顿乐春初级护理中心——中心流通枢纽。为支持治疗活动，所有流通区域向外可看到大块公园风景区（资料来源：P＋HS Architects 2012）

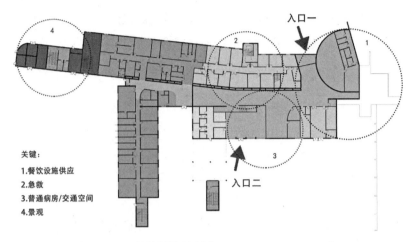

图 4.29　霍顿乐春初级护理中心——一层规划（资料来源：P＋HS Architects 2012）

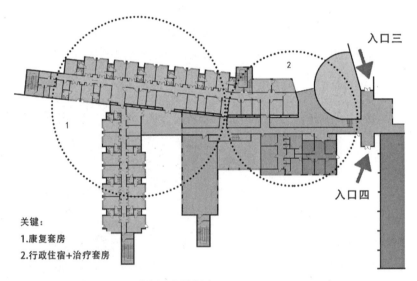

图 4.30　霍顿乐春初级护理中心——二层规划（资料来源：P＋HS Architects 2012）

图 4.31　霍顿乐春初级护理中心——典型单人病房（1）（看向窗户的视角）（资料来源：P＋HS Architects 2012）

图 4.32　霍顿乐春初级护理中心——典型单人病房（2）（洗手间视角）（资料来源：P＋HS Architects 2012）

4. *提供优质的室内环境，关注患者的健康*：研究显示，创造舒适的居住环境和宜人的氛围是非常重要的。室内空气每天都会受到污染，这些污染源包括患者的呼吸、咳嗽、打喷嚏等行为和做饭、洗澡、取暖等日常活动，以及涂料、清漆等建筑产品。因此，通风设施对于患者的健康十分重要，可以帮助避免许多类似眼睛、鼻子和喉咙发炎、头疼、恶心等健康问题。二氧化碳排放对于建筑材料的回收利用和减少能源消耗也是非常必要的。同时，通风设备也需要考虑外界噪声的影响，例如来往车辆、飞机和火车的声音。

霍顿乐春初级护理中心的总体规划是：保持室内温度低于25℃，提供温度舒适且通风良好的康复环境，并且提供可参考的低碳设计方案，这其实是非常具有挑战性的。这一目标的实现通常是通过机械通风和空调设备合作达成的。但是，该设计团队突发奇想，选择了自然通风和蓄热体设备，创造出了一种全新的低碳解决思路。

科学研究已经证实，自然光照可以缩短病患恢复时间并且稳定情绪，从而改善患者健康状态。有研究结果显示，临近窗户的患者更容易恢复健康。季节性情绪失控症（SAD和S-SAD）发病率占人口总数的20%，而患者大多是无法接触阳光和新鲜空气的老人和体弱的人。由此可见，引起这种心理疾病的原因之一就是缺乏自然光的照射。血清素激素可以很好地治疗这种疾病，而血清素激素的合成必须依赖自然光的照射。所以，用管道输送自然光，尤其是送到急需的地方，将会极大地改善老年人和行动不便人群的身心健康稳定。在霍顿乐春初级护理中心，为了满足自然光最大限度地照射到病房内部，大规模使用了"阳光管道式"天窗设计。阳光管道具有超强的反射能力，可以把户外阳光输送到房间内部，因此比传统的天窗采光更有效。据估计，一根直径为300毫米的太阳管提供的扩散光，可以满足3米高、9平方米的房间采光需求。

5. *提供简单便捷的环境控制系统*：研究发现，就私人化空间而言，物理环境的个人控制系统包括许多方面，例如温度、光照、声音、通风、社交和隐秘性等。这些对于提高患者及其家属活动能力、满足感和健康水平至关重要。

霍顿乐春初级护理中心为病房和门诊室均配备了个人环境控制系统，例如可控的智能光调节等。公共区域的光照控制通过传感器的被动红外传感器实现；办公室或咨询室则是通过手动控制系统实现；等候区主要是通过前台控制；走廊的光照线路与中心开关控制区相连接，允许不同区域的灯光同时开关；室外的光照则是通过计时器和光电池控制。

6. *提高员工工作效率*：研究表明，工作环境对员工的工作效率有极大的影响，工作表现也会受环境质量和舒适度的直接影响。良好的工作环境、开阔的工作空间、简洁高效的工作设备和装置、信息技术的运用等，都会不同程度地影响工作人员的工作效率和工作态度。

霍顿乐春初级护理中心的设计规划有利于提高医护人员的精神面貌和工作积极性，协调多方协同创新，改善患者的健康，提高当地的医疗服务水平和能力。

7. *把控药物管理，减少成本和浪费*：为了提供合适的药物储存方式，医院设计参考了大量方案，包括"护士服务"理念、直通储存柜等，最终形成了创新型药物存储方式。这种操作方式由药剂师在病房外部负责药物管理，而护士在病房内是无法打开药物抽屉的。至于传送设备，一般选择带有传送带的电脑设备或者小型工作台，抽屉里装着分配给患者的药物，由护士进行分发。

英国健康医疗在药物上的成本居高不下，迫使其不得不采取相关措施来提高药物储存和传输效率。霍顿乐春初级护理中心的特色设计之一就是在咨询室提供药物，且咨询室还连接走廊，药物供应可以在这里得到补充，并且确保药物的安全有效使用。这项举措避免了过期药物的使用，极大减少了浪费。提高药物存储和传输效率的另一个目的是减少制药产生的碳排放，同时减少药物传输中可能造成的污染和错误。

8. *预防大于治疗，提高公共健康水平和幸福指数*：医疗建筑的设计师、工程师需要解决这样一个问题——如何完善社区设计，使其有能力满足社区人民的健康需求，包括居民的饮食或者营养需求，安全问题和出行需求等（Kerr et al. 2012）。过去50年的社会发展催生了"静坐式"生活方式和行为表现，例如，长时间坐着看电视、过度依赖快餐和酒精等，这些行为都对居民健康产生威胁，容易引发心脏病、肥胖症、代谢综合征、糖尿病、癌症、抑郁症等。而这些健康问题，除了与饮食和生活习惯有关，也与因体育器械提供不充分而导致的缺乏体育锻炼有关。

大量研究表明，体育锻炼对健康、认知和情绪等方面均有作用，可以有效地减少发病率和死亡率，预防和治疗肥胖症、心血管疾病、骨质疏松症、某些慢性疾病、慢性阻塞性肺部疾病、高胆固醇、高血压、某些癌症等，并且可以减缓衰老、恢复身体功能缺陷（Kerr et al. 2012）。为帮助儿童和老年人通过体育锻炼提高健康水平，美国卫生及公共服务部（US Department of Health and Human Services 2008）在体育活动指导建议中提出，儿童和青少年每天应有60分钟（1小时）或更多的体育锻炼时间；成年人每周应有150分钟（2.5小时）的中等强度的体育锻炼，或者75分钟（1小时15分钟）的高强度有氧体育锻炼，或者将两者体育锻炼相结合。

研究显示，接触大自然和参加户外活动可以增加社交机会，减轻患者焦虑和抑郁，提供积极的娱乐消遣和自由丰富的经历，这些都有助于治疗和康复（Nordh et al. 2009；Van den Berg et al. 2007；Sherman et al. 2005；Varni et al. 2004；Taylor et al. 2001，2002；Beauchemin & Hays 1996；Kaplan & Kaplan 1989；Ulrich 1984）。同时，也有研究指出："园艺"也可以作为一种治疗的介入方式，促进康复进程（Gonzalez et al. 2010）。例如患有阿尔兹海默症和中风的患者完全可以在园艺活动中提高活动能力和敏捷度，获得生活技能，重拾生活信心（Rappe 2005）。

霍顿乐春初级护理中心不仅规划了建筑大楼，还设有促进户外活动的设施场所，例如青少年滑板公园、园艺区或者"菜园"等，其目的在于提醒居民关注健康饮食和身体锻炼。体育和休闲设施得到了进一步扩建，并与现有的户外绿色体育场和室内运动场无缝连接。配备齐全的物理诊疗室与健身区的联合使用，有利于体育锻炼的有序开展。尽管体育设施对那些本身就自觉参加锻炼的居民来说意义不大，但对那些需要强制锻炼的患者来说，则具有十分重要的作用（Petrella et al. 2008）。循证策略鼓励人们欣赏并享受户外活动，回归大自然，甚至提出在"菜园"中劳作也是一种预防疾病、提高自主性、培养独立生活的恢复方式。循证设计在促进母婴健康和治疗、糖尿病、冠心病及转诊等方面的应用，对南泰恩和威尔国民保健体系、当地的医疗服务部门都十分重要。

9. *可持续设计*：霍顿乐春初级护理中心采用了全面可持续的设计方案，在建筑物的规划和建造过程中也运用了大量的绿色环保举措，这在医疗健康领域处于创新地位：

1）供热系统与一个 500kW 的地源热泵连接，并通过 HWS 系统向板式交换器提供加热水以实现空间供暖和机械通风。大量的地热能源由地源热泵系统向覆盖场地的 200 个钻洞输送热气，另外燃气冷凝式锅炉也可以同时支持地源热泵系统。

2）蓄热体在夏季提供被动冷却。长达 50 米的蓄热墙为咨询室、开敞式等待区和咖啡厅提供了通风设备。蓄热墙被分为 49 个单独的通风井，使得各个区域有单独的通风设备，以减少感染传播的概率。夏季，蓄热墙用来冷却进入室内的空气。冷却的空气由通风井在夜间将其吸入墙内，降低外部带入的温度，然后在第二天提供给室内。冬天则使用混合通风策略，包括开敞式区域和咖啡厅内六个独特的电子排气管。冷空气进入室内后，与室内温暖的空气混合升温，最后才输送给居住者（图 4.33～图 4.35，图 4.37）。

3）在建筑物围护结构的 U 值相较于英国建筑标准审批文件 L（UK Building Regulations Approved Document L）规定的最低标准提升了 20%，透气率在最低标准之上提升了 40%。

4）一个 350 平方米的单晶硅太阳能电池组镶嵌在屋顶以补充电能，其中主要是为热泵系统和空气循环风扇提供电力。屋顶还安装了 10 平方米的太阳能加热器以满足室内热水的供给（图 4.36）。

5）一个 5.5kW 的风轮机。

6）雨水回收用作厕所冲水。

7）绿化屋顶以增加生物多样性。

8）其他方面的因素。例如，适用于所有通风系统的热回收装备，可满足对充足新鲜空气的需求。对高效光照也有相关规定（图 4.32～图 4.35，表 4.6）。

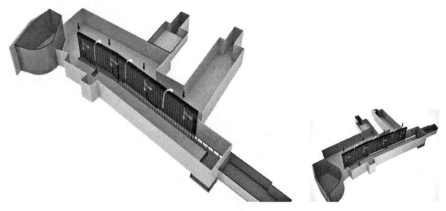

图 4.33　霍顿乐春初级护理中心——通风设施的位置（资料来源：P ＋ HS Architects 2012）

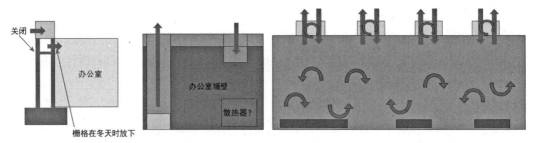

图 4.34 霍顿乐春初级护理中心——通风系统（1）。冬季设置高性能的外部建筑塑料封装，从而公共区域获得的热量将远远超过热量流失。额外的热量则来预热外来的冷空气，减少供热的需求。进入建筑的冷空气下降，而储存箱里的热空气上升。利用低功率的排气扇可以鼓动空气流动，整个系统通过建筑管理方式得到平衡（资料来源：**Breathing Bulidings**）

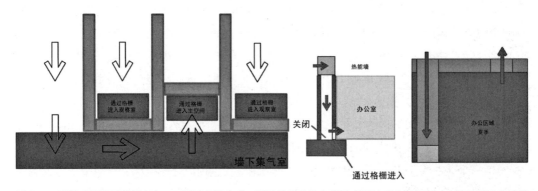

图 4.35 霍顿乐春初级护理中心——通风系统（2）。夏季外部的热空气被高速地吸入建筑里，在流通到公共建筑区域之前，通过地下空间得到冷却。供应咨询室的空气并没有通过地下空间，这样避免了被污染的风险。地下空间和连接处房间内外漏的热系统可以用来冷却室内的热空气。夜间，空间里的冷却系统和保温墙是夏日运行的关键，为次日的建筑冷却能力重新积蓄能量（资料来源：**Breathing Bulidings**）

霍顿乐春初级护理中心——技术细节和明确说明	表 4.6

蓄热墙： 蓄热墙作为自然通风系统的主要设备，覆盖了整栋大楼的通风功能，为咨询室、开放等待区和咖啡厅等提供了新鲜空气。通风井和烟囱则为单独区域提供了通风功能，以减少感染的可能性和噪声传播。

- 烟囱数：49
- 烟囱规格：1060mm×460mm
- 烟囱面积：0.46m²
- 烟囱高度：9m
- 通气面积：高 2100mm×宽 2000mm
- 材料：215mm 中等密度的混凝土砖块

自然通风系统：（门廊和主要等待区）由 Breathing Buildings 设计的创新型低碳系统。

- 为优化舒适度和节省能源，夏季和冬季分别采用不同方法。夏季，用蓄热墙冷却即将进入室内的空气，而冷却的空气通过通风井在夜间吸入墙内，降低外部带入的温度，继而在第二天提供给室内。冬季，咨询室采用混合通风，将空气升高到一定高度并进入室内，这样冷空气在下降的过程中就会被稀释，从而减少了冷空气的预热需要。

- 等待区和咖啡厅采用了一系列电子排气通风系统，它们在高处与蓄热墙相连接，在大楼的正门又有低处的排放口。夏季，系统采用上流式移位通风方式，即室外空气在低处进入通风系统，而高温空气会被电子排气管排出。而在冬季，低处排放口则被关闭。通风系统的操作是通过电子排气管将室外空气带入并有控制地与室内空气混合，最后才输送给居住者。与咨询室的通风原理一样，这里稀释冷空气同样能减少空气的预热需要

地源热泵系统（冬季供暖，夏季降温）	锅炉（仅在 GSHP 运行失败后使用）
- 热泵：两个，不可逆转 - 钻孔数量：104 - 钻孔深度：110m - 钻孔直径：150mm - 产出：冬季55°流出，45°流回；夏季6°流出，12°流回 - 生产方：CIAT - 分包公司：Ecovision	- 燃料：天然气 - 类型：完全调制式，高效冷凝，低氧化氮物质排放 - 热量产出：51～573kW - 生产方：Broag Gas 310 ECO **锅炉**（室内热水供给） - 燃料：天然气 - 类型：壁装式，高效冷凝，低氧化氮物质排放 - 生产方：Broag Quinta Pro 115
地下供暖系统	**地表水的减少**
- 生产编号：Tacker System - 绝缘材料：75mm 粗聚苯乙烯泡沫 - 平铺层：75mm 粗砂或者水泥 - 生产方：Warmafloor	- 产品：配有流水检测器的 Twinstore 容器 - 容量：470m³ - 外流量：装置外每秒 20 升 - 生产方：Tubosider
绿色屋顶	**雨水回收**（用作冲厕水）
- 面积：350m² - 产品：Sarna Vert - 植物选择：景天属植物，最小覆盖率 90% - 屋顶覆盖物：Sarna 单层膜聚氯乙烯 - 生产方：Sarnafil	- 收集器：GRP 地下储藏容器 - 容量：12000 升 - 储存量：每个一体式水箱 710L - 生产方：Stormsaver
太阳能聚热板	**太阳能电池板**
- 产品编号：DF100 - 描述：高效直流式真空管集热器 - 面积：10m² - 产出：每年 5000kWh - 分包商：Photon Energy - 生产方：Thermomax	- 产品编号：ND175（E1F） - 描述：采用多晶硅太阳能电池的高效太阳能模板，将模板利用率提高 13.3% - 面积：994mm×1318mm 的 270 号 PV 模板，等同于 354m² - 产出：每年 35200kW - 分包商：Photon Energy - 生产方：Sharp
立轴风力机	**U 值**
- 大小：高5m，直径3.1m | 清扫面积13.6m² | 质量450kg - 轴：15m 倾斜杆 - 产出：每年 5000～11000kWh（受选址地区风力影响） - 生产方：Quiet Revolution Ltd.	- 墙：0.25W/（m²k） - 屋顶：0.18W/（m²k） - 地面：0.25W/（m²k） - 玻璃层：1.6W/（m²k）
能源效能	**空气渗透性**
- 能源效能证书（EPC）25 -A［0～25］能源效能价值评估	-4.3m³/（h·m²）（50Pa 条件下）

资料来源：P＋HS Architects 2012。

安装新颖的低能耗设备的主要目的是达到 BREEAM（2008）"杰出"（能源性能证书—EPC 25）的卓越绿色标准，这是英国医疗保健行业中的第一项。因此，整个建筑设计采用了全面的可持续发展方式，其功能涉及能源供需、水管理、计量策略等；安装了 40 多个辅助计量器，用于监测能源使用，并且通过这些条件在英国建筑法规中获得了更好的评级。在整个建造过程中，从业人员所有的努力和尝试均得到回报，不仅满足了可持续发展的需求，还形成了可供未来建筑设计学习的优秀案例。护理中心主体建筑是由桑德兰数学初级护理信托基金（Sunderland Teaching Prime Care Trust）的委托代表、P＋HS 建筑师事务所、研究与开发（Research & Development）工程师，以及 SCAPE 承包商合作完成的，在多方的共同努力下呈现出如此完善的医疗建筑设计（表 4.7，表 4.8）。

"通过"到"杰出"五个 BREEAM 等级需达到的最低标准，表明等级越高责任越大　表 4.7

＜25%	不及格	
＞25%	通过	获得"通过"（30%）等级必须要得到的分数 ● 管理：Man 1——调试 ● 健康：Hea 4——高频率光照 ● 健康：Hea 12——细菌污染
＞40%	良好	获得"良好"（45%）需得到以下分数 ● 水：Wat 1——水资源消耗 ● 水：Wat 2——水表 NHS 规定，对于现有建筑，医疗设施在商业概述里必须达到"良好"等级
＞55%	很好	获得"很好"（55%）等级需得到以下分数 ● 能源：Ene 2——采用辅助计量的能源使用 ● 用地＋生态：LE 4——减轻生态破坏
＞70%	优秀	获得"优秀"（70%）等级需得到以下分数 ● 管理：Man 2——建设人员全面考虑 ● 管理：Man 4——建筑使用者指南 ● 能源：Ene 5——低碳排放或者零碳排放技术 ● 垃圾：Wst 3—收集可回收利用的垃圾 ● 能源（附加）：Ene 1"减少二氧化碳排放"（即对新的办公楼来说，能源效能证书要在 40 分及以下）必须达到最小值 6 NHS 规定，对于现有建筑，此医疗设施在商业概述里必须达到"优秀"等级
＞85%	杰出	获得"杰出"（85%）等级除满足以上条件外，仍需得到以下分数 ● 管理：Man 2——调试要到得 2 分 ● 管理：Man 2——建设人员全面考虑 ● 水：Wat 1——水资源消耗 ● 能源：Ene 1——减少二氧化碳排放，必须达到最小值 10（即对新的办公楼来说，能源效能证书要在 25 分及以下） BREEAM 规定，建筑投入使用三年内必须达到使用认证。这包括：（a）收集使用者和居住者满意度，能源和水的消耗量；（b）利用数据持续预计情况；（c）设定缩减目标，监测水和能源的消耗量；（d）给设计团队、开发商和英国建筑研究院（BRE）提供每年的消耗数据和满意度数据。并且，申报的建筑必须作为案例研究发表（资料来源：BRE Global）

注：另外，申报的建筑必须要做建设后期检查（之前不需要检查，除非委托人要求）。在设计和完工过程中，工程师除非受到处罚或者因为其他原因被逮捕，否则是不可以被 BREEAM 以外的评价系统评价的。

BREEAM 医疗建筑体系（2008）"杰出"等级要求的分数　　　　　　　　　　　　　　　表 4.8

	分数	描述
管理——占 12.5%（鼓励建筑过程的持续调试、环境管理、员工培训和采购）	Man 1 ［2 分］	*调试*：旨在寻找合适的建筑服务调试，以全面协调的方式保证使用中建筑的最佳表现。 1 分：任命合适的项目组成员监察调试情况，保证执行现有的最好标准。 2 分：除此之外，第一年投入运作或者建设完成后展开季节性的调试工作
	Man 2 ［2 分］	*建设人员全面考虑*：考虑环境因素和社会因素，并且态度负责。 1 分：保证遵循最佳地点管理原则。 2 分：保证优于最佳地点管理原则
	Man 4 ［1 分］	*建筑使用者指南*：为非专业的建筑物使用者提供指南，使之易于理解并有效操作。 1 分：提供的指南简单易懂，并且包括了住户的相关信息、非技术性的大楼操作和环境保护方面的管理者信息
健康——占 15%（联系，社区咨询，设备共享，员工和患者授权）	Hea 4 ［1 分］	*高频率光照*：减少荧光和闪烁光造成的健康问题。 1 分：安装日光灯或者小型日光灯
	Hea 12 ［1 分］	*细菌污染*：旨在确保建筑的设计可以减少手术室里的细菌传播。 1 分：通过设计减少水和空气传播的细菌污染
能源——占 19%（减少碳排放，控制热量和光，能源监测设施，结合使用日光和其他发电光源）	Ene 1 ［10 分］	*减少二氧化碳排放*：认可并鼓励绿色建筑，使二氧化碳排放量和能源消耗量最小化。 15 分：建筑的结构和服务的能源使用效率提高，从而减少运作时产生的碳排放
	Ene 2 ［1 分］	*能源的使用*：采用辅助计量的能源使用，以检测能源消耗量。 1 分：建筑物内可以通过辅助测量直接监测能源使用情况。 2 分：满足以上条件，还要保证辅助测量与能源管理系统（BMS），或者其他控制装置联合运作（证据列表＋认可证：要求满足半小时收集的计量数据要超过 40）
	Ene 5 ［1 分］	*低碳排放或者零碳排放技术*：旨在鼓励使用可再生资源以满足大部分的需求，减少碳排放和大气污染。 1 分：建筑地及周边地区使用低碳排放或者零碳排放技术（LZC），并取得好的成果。 2 分：已经得到 1 分，还需通过使用当地可行的低碳排放或者零碳排放技术，将建筑物的碳排放减少 10%。 3 分：已经得到 1 分，还需证明通过使用当地可行的低碳排放或者零碳排放技术，建筑物的碳排放减少了 15%。 1 分的另一个选项：接受与能源供应商签订的合同，保证提供足够的能源，达到 100% 可再生能源的标准（注：无需交规定的绿色税）
交通——占 8%（通过提供停车场、毗邻公共交通点，接近当地便利设施，设计绿色交通计划等，减少碳排放）		
水——占 6%（监测耗水量，通过使用节水坐便器，废水回收等减少水资源消耗）	Wat 1 ［2 分］	*水资源消耗*：旨在鼓励使用节水装置，使公共饮用水的耗水量最小化。 3 分：水龙头、小便池、厕所、淋浴装置与同规格装置相比，消耗较少的饮用水
	Wat 2 ［1 分］	*水表*：确保水的消耗量可以被监测和管理，从而减少水资源消耗。 1 分：建筑中主要的供水装置均安装了固定功率的水表
材料——占 12.5%（使用可持续性材料，禁止使用有害材料）《BRE 绿皮书》（*BRE's Green Book Live*）＋《绿色指南详解》（*Green Guide to Specification*）提供了相关信息，使得这个分数比较容易获得		
垃圾——占 7.5%（减少垃圾，回收垃圾，分析垃圾流）	Wst 3 ［1 分］	收集可回收利用的垃圾：鼓励垃圾分类回收，减少垃圾填埋或焚烧。 1 分：提供了集中可回收的垃圾区域
土地使用和生态情况——占 10%（保护生态特征，引入自然栖息地，重复利用选址地区，完善生态功能）		
污染——占 10%（监测并处理污染、氧化氮排放、臭氧消耗、噪声污染和焚烧处理等）		
创新——占 9%（提供其他认可的、超出现有 BREEAM 标准的、支持创新可持续性的策略，完善管理过程或创新技术）		

霍顿乐春初级护理中心为减少有害气体排放，采用了大量的防护措施。这些与英国卫生部及南泰恩和威尔国民保健体系的目标和策略是一致的。能源效能证书（EPCs）是所有非住宅建筑建设、出售或租赁的强制性要求。该证书提供了建筑能源使用效率和碳排放量从 A 到 G 的排名，这也就是众所周知的"效能排名"。不同于实际使用能源消耗数据（Display Energy Certificate，DEC）的显示，能源证书是基于建筑理论耗能而形成的。

英国政府于 2002 年颁布了报告——《能源评论》，此报告称新能源于 2020 年应当占据能源总产出的 20%，建筑和交通的能源利用效率于 2010 年应提高 20%，二氧化碳排放物于 2050 年则应减少 60%。《2003 年能源白皮书》大体上参考了这些观点，并把它们改编成《国家规划政策 22 条》（PPS22），即《2004 年新能源规划》，并要求政府部门必须考虑何时起草适合当地发展的文件以及何时做出决定性规划。但是随着社会发展和进步，PPS22 规划已经被《2012 年国家规划政策纲要》所取代，新文件的目标是通过改革促使英国的规划系统简洁化，更具有操作性，并使之可以持续发挥保护环境、促进可持续发展的功能（图 4.36）。

图 4.36　霍顿乐春初级护理中心——屋顶的太阳能装置。建筑物上采用 PV 管的优点是增加建筑表面、获取太阳能、隔绝热量以及被动通风和发电的功能（资料来源：P＋HS Architects 2012）

英国卫生部所规定的能源有效利用目标设立于 2001 年，此目标包括（表 4.9）：

1）到 2010 年，能源消耗再降低 15%，事实上 NHS 自 1990 年起已降低了 20%。

2）在护理中心，新的发展区、改造区和整修区，能源有效利用要达到 $33 \sim 35 GJ/100m^3$。

3）所有现存设施节约能源 $55 \sim 65 GJ/100m^3$。

霍顿乐春初级护理中心的目标是利用收集的数据，分析用电量、用气量和用热量分别是多少。这个数据库的数值是准确的，而不是预测的。建造人员安装了40多个分水表，并通过每半小时测量一次的方式来收集数据。在所有建筑进口和场地边界，都进行了出水量的检测，这也是与冷罐装和雨水回收系统有关的。

英国国家医疗服务体系（NHS England）额外的碳排放缩减因素　　　　表 4.9

排放物	NHS 提出 / 政府干预（附加现有的政策）	预计实现的碳排放减少量
采购	减少未使用的药物	$-0.53MtCO_2$（-2.4%）
	精益采购医疗设备	$-0.19 MtCO_2$（-0.8%）
	精益采购其他消耗物资	$-0.38 MtCO_2$（-1.7%）
建筑物能源	就地使用可再生电能	$-0.53 MtCO_2$（-2.4%）
	节点措施的广泛使用	$-0.27 MtCO_2$（-1.2%）
	在 2020 年之前使热电联供（CHP）最大化	$-0.35 MtCO_2$（-1.6%）
运输	NHS 建筑之间的智能运输方案完美实施（运输占 NHS 碳排放 18%）	$-0.36MtCO_2$（-1.6%）
交叉部分	英国政府为满足欧盟再生资源标准，省电目标为 35%～40%	$-1.46MtCO_2$（-6.9%）

资料来源：NHS England Carbon Emissions：Carbon Footprint Study 2008。

10. 支持循证设计：循证设计是形成具有较强可信度和科学性的数据库的必须过程。该设计过程有利于做出科学的决策，以改善工作人员的工作环境和患者的康复环境。

霍顿乐春初级护理中心很好地展示了循证设计到底是如何发挥作用的。一方面是进行有组织的学习和参阅，尤其是针对之前的项目，或项目和项目之间的创新设计干预学习。实际上，霍顿乐春初级护理中心采用了不同于布莱登初级疗养中心（Blaydon Primary Care Centre）的环保系统。后者有大约 10% 的热能是生物加热装置提供的，该装置用燃料储存到中心加热系统，而燃料储存与加热装置相连以此供热。同时，这 10% 的热能补充是由小规模热电联供装置（CHP）完成，该装置是高效的汽油燃烧装置，它与"输电网电能"不同步工作，其目的是减少输入电能的数量（图 4.37～图 4.39）。

另一方面涉及满足用户的需求，传递健康理念和社会关爱，并明确建立物理环境的作用。这么做的目的是强调积极的治疗状态只有在患者、医务工作者和家属的共同努力下才能实现，注重社会关系网络的运用和展开。英国每年消耗价值超过 4.1 亿英镑的能源，排放 370 万吨的二氧化碳（NHS England Carbon Emissions Study 2008）。这些能源的使用占了 NHS 碳足迹总量的 22%，并且将这些节约下来的资金可以直接投入到更多的节能减排中，以此提高国家健康水平。越来越多的人已经意识到了节约能源的重要性，但是这还远远不够，依然需要加大教育和宣传力度，倡导节约减排。南泰恩和威尔国民保健体系很早就敏锐地意识到，可持续能源在建筑中是满足人们日常基本需求的关键因素之一，所以必须提高公众对其的理解和认识。

图 4.37　霍顿乐春初级护理中心——通风系统实验室物理模型试验（资料来源：Breathing Buildings）

图 4.38　霍顿乐春初级护理中心——主入口立面图。双层高的主入口通往咖啡厅和带有露台的餐饮区、招待所和教育中心。教育中心配备有健康教育参考材料，而且所有参观者可通过个人电脑连接无线网。立面的选材考虑到当地资源的利用，包括外墙砖、砌石和细木工部分，以及是否持有绿色合格证（即对全球变暖无影响的标准）（资料来源：P＋HS Architects 2012）

图 4.39　霍顿乐春初级护理中心基础护理中心——等候区（1）。双层高的主入口可通往咖啡厅和带有露台的餐饮区（资料来源：P＋HS Architects 2012）

4.1.5　霍顿乐春初级护理中心设计启示

从循证设计和可持续设计在霍顿乐春初级护理中心的应用中，可以得出一个重要启示，即重点关注患者健康，以及提高全社会绿色建筑意识的重要性。

因此，霍顿乐春初级护理中心的目标包括：拓展医疗服务范围，使患者的居住点与医院更近；加速促进服务现代化；促进服务传递资源的重新配置；为健康促进计划的合作提供机会；创造服务"节点"以增强社区服务。为了满足这些目标，建筑师为可持续医疗建筑设立了 10 项引导原则：

1. 与当地环境相协调，促进可持续发展；
2. 满足当地人民的要求，为他们提供设备；
3. 为当地居民提供便捷的交通网络；
4. 建设整洁环保、有利于生物多样性的公共区域；
5. 高效利用能源和水资源；
6. 为满足多种服务的要求，考虑灵活性和适应性；
7. 考虑整体生活影响，包括长期的房地产增值；
8. 提供高质量的内部环境，以满足使用者的健康需求；
9. 使用对环境破坏小、对健康影响小的材料；
10. 降低污染和浪费，避免对健康的消极影响。

霍顿乐春初级护理中心具有十分重要的地位，它的设计方法具有先锋性，并且与创新科技风险有关，这就要求政府配套实施合理的风险管理政策和措施。护理中心的设计先进性体现在多种方面，例如在建筑物主体上安装加热墙，用于夏天提供被动冷却；咨询室顶层安装加热器，为了利用通风的方式在夏天提供被动冷却等。暴露在外的混凝土板面和高密度的内部加热墙，充分开发了热能。同时，建筑物表面的阻力 U 值增强了 20%，空气渗透率增强了 40%，都超过了英国建筑规范（*UK Building Regulations Approved Document L*）的最低要求。

尽管有客户表示愿意接受这种以高环境标准为目标的创新设计，但是不可否认的是建造费用问题依然存在，这是因为高成本并不是所有用户都愿意接受的。尽管，从社会利益看，霍顿乐春初级护理中心的设计极大满足了绿色发展的要求，但是投资回报率究竟有多高依然有待论证。

霍顿乐春初级护理中心向健康医疗提供者提出了一个重要的问题，那就是要时刻保持警惕，确保在使用和维护过程中能够实施和坚持护理中心设计的初衷，并让实践证明这次设计的合理性和科学性（表 4.10）。

从调节供给角度与需求经验审视：医疗提供者的挑战 表 4.10

供给角度	需求经验
• 绿色技术 = 低能量	• 外表绿色，但实际上不是
• 绿色图标 = 良好媒体覆盖，快乐机构，绿色奖品！	• 理论与实践的差距
• 假设所有输入将导致有益产出和应急举措	• 居住者讨厌的方面：很差的可用性，控制性不佳，使用冲突（例如日光与灯光控制），缺乏灵活性，很差的调试和切换
• 陷入误区，误以为绿色一定代表着好的、对病人有益的	• 手工操作不足，自动操作没有意义
• 未能看到和计划意外技术后果	• 医疗之外的目标（太多技术，太多管理要求）和不结盟宗旨及目标
• 视角锁定，设计师无视或者否认绿色的缺点	• 设置并没有提升健康结果
	• 居住者和使用者不满意

霍顿乐春初级护理中心的另一个启示是与上面提到问题相联系的，即在整个项目的建造、移交、维护和管理阶段，保持可持续原则的实施和运用。同时，要在建筑的全生命周期内获取有效反馈数据，形成供之后参考的科学数据库。

与此同时，霍顿乐春初级护理中心的建设和运营需要政府政策的支持和保护：

1. *立法与规划*：例如，一些机构要求对现有建筑项目进行 BREEAM 预评估。其他的一些规定都与此相关，例如英国政策、气候环境、屋宇装备工程师学会的建议以及 BREEAM 医疗建筑体系的评价标准，也与当前最好的实践保持一致。

2. *公共部门组织*：例如，自 2006 年开始，BREEAM 针对新建和改造建筑的最低达标值已经设置完全（包括英国卫生部、商务部、住房和社区管理署、教育部）。

具体来说，卫生部要求现存的医疗建筑达到 BREEAM 医疗建筑体系的"良好"标准（＞45%）；而正在新建的房屋，要求达到"优秀"标准（＞70%）。这都有助于把 BERRAM

医疗建筑体系标准纳入英国规划建筑系统。

3. *私人部门组织*：例如，部分开发商已经自觉地在建造过程中满足 BREEAM 评估的最低标准（比如英国地产和地产证券）。而在当下可持续发展的过程中，跨国公司也积极地展示出他们的绿色环保证书，用以证明他们商业活动，包括建筑在内的每一部分都是环保的。

4. *参考门槛临界值，而非百分比*：例如，参考 BREEAM 的最低标准，设置从 4 到 26 的有效指数。

5. *评审员负责（而不是整体团队负责），包含设计、建设、管理和认证过程*：BREEAM 已经培养出了合格的评审员，他们对是否满足标准进行评价，并把这些证据报告给建筑研究院（BRE），该院验证评估结果后颁发证书。随着发展，BREEAM 已大规模地扩张，从最初的 19 页共 27 项技术指标的版本发展到了 350 页共 105 项的技术指导。评审员的参与是 BREEAM 的一个优点，因为评审员可以与 BRE 合作，共同研发适合不同建筑物的评估标准，所以该标准可以寻找建筑物中不满足标准的部分。

6. *关于二氧化碳*：BREEAM 鼓励 CO_2 零排放。

霍顿乐春初级护理中心的基本原理和评价系统都是根据居民的健康需求制定的，社会保障部门（包括规划交通和基础设施部门、公共部、社区和当地政府部门等）也已出台了相关规定。医疗行业配备了专业的团队，这也就意味着将迎来新的发展机遇。专业团队需要积累一定的实例和数据，以便增加结论的有效性和科学性。为了保证这种专业服务持续保持活力和连贯性，需要大量的咨询人员和工作人员，也越来越需要专业的设备支持团队工作。总之，工作条件越复杂、越特殊，对专业团队就有越高的要求。救护车服务也是改善救治效果的重要一环，不使运送过程变成治疗真空区，而是让患者在运送途中就可以得到救治（SDO 项目 08/1304/063）（图 4.42，图 4.43）。

图 4.40　霍顿乐春初级护理中心——等候区（2）。双层高的主入口，通向咖啡区和带有露台的餐饮区（资料来源：P ＋ HS Architects 2012）

图 4.41 霍顿乐春初级护理中心——走廊。颜色是根据救治方向和路标设立的（资料来源：P＋HS Architects 2012）

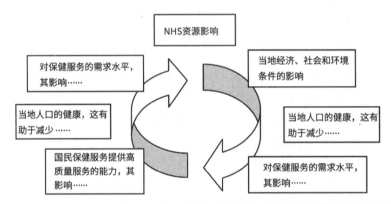

图 4.42 霍顿乐春初级护理中心的良性循环。国家医疗服务体系的表现会影响人们的健康和社会的稳定，同时也会影响经济与环境

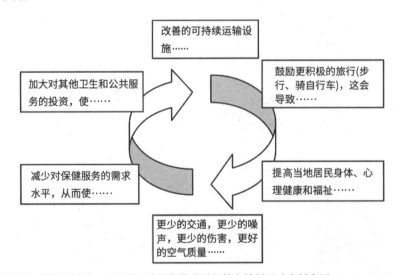

图 4.43 霍顿乐春初级护理中心——国家医疗服务体系运行的良性循环（资料来源：The NHS Good Corporate Citizenship Assessment Model 2006）

4.1.6 新帕克兰医院，美国（New Parkland Hospital，Dallas，Texas，USA）

为了进一步为患者提供安全舒适的康复环境，在美国得克萨斯州达拉斯新建的新帕克兰医院取代了拥有 54 年历史的、经过多次翻新和改建的原帕克兰医院，工程总造价是 12.7 亿美元（约合 80 亿人民币）。项目的设计团队是：HDR 建筑师事务所和 Corgan 联合设计团队。新医院规模庞大，拥有 862 个床位，可以提供全面的医疗服务和精准治疗（图 4.44～图 4.46；表 4.11）。

图 4.44 美国得克萨斯州达拉斯新帕克兰医院——鸟瞰图（资料来源：HDR＋Corgan 2012）

图 4.45 美国得克萨斯州达拉斯新帕克兰医院——地标景观（资料来源：HDR＋Corgan 2012）

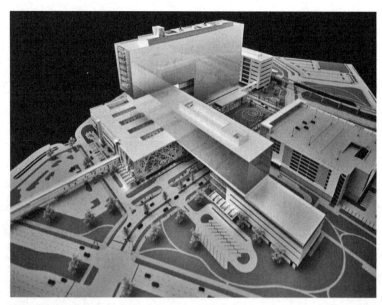

图 4.46　美国得克萨斯州达拉斯新帕克兰医院——模型（资料来源：**HDR + Corgan 2012**）

美国达拉斯新帕克兰医院——信息一览表　　　　　　　　　　　　　　　　　　　　　　　**表 4.11**

项目类型：学术医疗中心，急诊区，门诊部，女性健康中心。整体工程保证了数据的收集，记录了来自实验或真实患者护理方面的宝贵的临床经验。其中患者护理包括：患者的房间，手术，重症监护检查，外伤，运作和产房，访客电梯，新生儿重症监护室和紧急检查等因素。用户咨询委员会以及设计团队会定期召开研讨会，确定最佳的实施方案，满足用户的实际需求
项目组成：心脏病科，就餐区 / 咖啡厅，急诊室，妇产科，影像科，病床，重症监护室，生产及产后恢复（LDR），新生儿重症监护病房（NICU），育儿室，肿瘤科，门诊，停车场，儿科，药房，物理疗科，放射科，接待 / 前厅，康复科，研究部门，外科手术（住院），康复中心
建筑类型：新建筑
规模：176515 平方米（约 1900000 平方英尺），配备 862 个病房的 17 层医院主建筑
成本：总成本：无；每平方米成本：无
专业服务：构架，专家研讨会，工程，医疗咨询，总体规划，验证程序，选址设计，战略咨询
项目团队：客户——新帕克兰医院设施规划与发展部，设计师——HDR + Corgan，建筑负责人——BARA（合资风险投资公司，包括 Dallas-based Balfour Beatty Construction、Austin Commercial、Azteca Enterprises、Atlanta、Georgia-based H. J. Russell & Company），项目控制经理——CH₂M HILL（一个项目管理、施工管理和设计公司）
循证医疗建筑设计特点：运用循证设计策略以及其他相关措施，提升患者的安全感和工作人员的工作效率，以及提高患者、家属和医护人员的满意度，同时选择最好的治疗实践，灵活适应未来发展
可持续发展的特点：以美国 LEED™ 绿色建筑认证"银级"为目标，进行采光、视野和能源效率，使用低碳材料，公共交通通道，专为访客和员工设计的场所（明确干净的道路，多层停车场，私人病房，一个医院内随处可达的健康公园），园林绿化

资料来源：HDR + Corgan 2012。

　　新帕克兰园区位于达拉斯西南医疗区内，并且新帕克兰医院还是得克萨斯州西南医疗中心大学的主要教学医院。

该项目的部分资金来自 7.47 亿美元（约 470733 万元人民币）的债券计划和 1.5 亿美元（约 94545 万元人民币）的基金筹款，其中包括从私营部门捐助者那里筹集的资金。除此之外，新帕克兰医院项目还有部分公共资金支持，因此帕克兰政府试图寻找熟悉本地环境并且和当地组织紧密相连的设计团队。

考虑到康复环境对患者和医护人员的影响，设计师采用了可持续设计和循证设计相结合的设计方法，并最终收获了良好的效果和评价。新医院建筑的目的是为患者提供良好的康复环境，使之得到最好的诊断和治疗，同时也为医护人员提供舒适的工作环境。

为了更好地运用循证设计，新帕克兰医院设计团队试图创造一种新型的、科技和教育相结合的医疗环境。设计规划过程中将所有利益相关者都考虑在内，运用循证设计和可持续设计，为患者康复提供舒适满意的康复环境，同时提高医护人员的工作效率，运用现如今最好的治疗策略，提高患者、家属和员工的满意度。选择最佳策略，并灵活地适应未来发展需求，这也是医院建筑的重要原则。

1. *提高患者安全感*：防滑地板是经过特殊设计的，尤其是在大面积的病房浴室里，可以极大减少患者摔倒和受伤的概率（Becker et al. 2003；Brandis 1999）。浴室内同样设有防水条这样的设备，可以避免患者滑到或跌倒。为了帮助医护人员移动患者，还设计了通向厕所的无障碍通道。除此之外，特殊设计的病房和浴室夜灯也可以降低患者摔倒的概率。建筑内还设有患者专用直梯，帮助患者上下楼，减少排队等候。病房设计的主要目的之一，就是降低病房交叉感染的风险（Ben-Abraham et al. 2002；McManus et al. 1992）。洗手池旁边提供了充足的洗手液，每个房间的入口都有洗手池，非常方便干净（Kaplan &McGuckin 1986）。病房、急救室，以及其他区域都有 HEPA 高效微粒空气过滤系统，用来保护病危患者。另外，抗菌地板和纤维的应用减少了细菌的扩散（Crimi et al. 2006；Jiang et al. 2003；Hahn et al. 2002）。HEPA 系统阻止了细菌交叉感染，并且提供了持续受控的气压系统，可以把细菌和其他微生物细菌隔离在病房外，以此确保室内空气质量（图 4.47～图 4.50，图 4.58）。

2. *改善治疗效果*：新帕克兰医院的住院部在每两个病房之间都设有医护工作站，从那里可以清楚地看到每间病房，这极大提高了观测能力和护理水平。病房内配备了相关用品和设备，从而减少了护理人员来回领取物资和设备的时间，直接增加了护理患者的时间（Zborowsky et al. 2010）。床边的条形码与电脑终端相连，提高了医护人员的工作效率。各个区域都会提供适敏性病房，包括重症监护病房、内科/外科、产后病房、康复科和精神病房。一般来说，适敏性、可变敏感度和过渡性护理是交替使用的术语，是用来描述患者护理模式的概念，其意思是尽可能让患者在住院期间都住在同一间病房，而配备的护理人员将会根据患者的病情发展，作出调整。

适敏性病房因其可有效地减少医护人员的交接工作和设备的重复浪费、避免延误治疗和出错、减少并发症以及极大缩短患者的住院时间而得到广泛使用（Hendrich et al. 2004）。配备适敏性病房的医院，确实很少有患者因转移而受伤。病房内设置的家属区可以鼓励家庭成员参与到护理过程中，保证患者出院后的护理连贯性。这解决了护理人员短缺的实际问题，并且也产生了更好的结果——因为家人才知道如何更好地照顾亲人（图 4.47～图 4.50，图 4.58）。

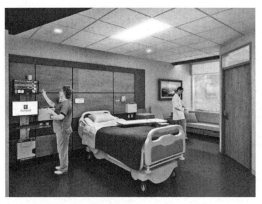

图 4.47　美国达拉斯新帕克兰医院病房——住院病房。家庭单人病房空间非常大，可容纳多人。以患者为中心设计的病房，空间设计合理，不仅可以容纳患者，同时其家属以及其他护理人员可以在患者旁边看护（资料来源：HDR＋Corgan 2012）

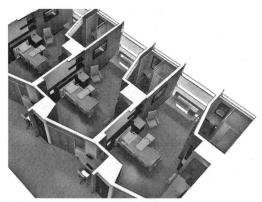

图 4.48　美国达拉斯新帕克兰医院——相同布局。为了提升患者安全性，住院病房都有相同的布局（等体积的）：病床、技术设备、护理人员空间；家人空间、盥洗室和洗手盆都在病房的相同位置（资料来源：HDR＋Corgan 2012）

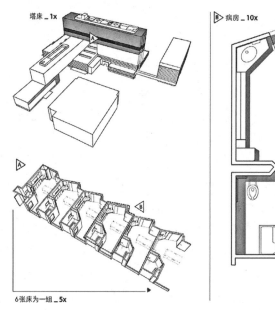

图 4.49　美国达拉斯新帕克兰医院——相同布局及隔声。为了提升患者安全感，住院病房都有相同的布局：病床、技术设备、护理人员空间；家人空间、盥洗室和洗手盆都在病房的相同位置。通过墙壁的隔离以及病房房门的分割，相同配置的房间里也减少了声音的传播（资料来源：HDR＋Corgan 2012）

3. *提升患者、家属和员工的满意度*：控制噪声污染可以增加用户满意度，更重要的是，可以减少工作压力。例如，通过大面积的灯光控制，为访客和工作人员提供分开的走廊和电梯，减少了人员拥挤，这明显地降低了护理区的噪声。同时，室内装饰也都选择了吸声材质，共同创造了一个更加安静的治疗环境（Donahue 2009；Trites et al. 1970）。材料涂层等也可以达到良好的吸声效果（MacLeod et al. 2007；Hagerman et al. 2005）。

图4.50 美国达拉斯新帕克兰医院——工作站。每两个病房之间设有工作站，可以清楚地看到每间病房，从而提高了观测能力和护理水平（资料来源：HDR＋Corgan 2012）

单人病房的家属区设置得十分宽敞，允许家人或朋友陪护过夜。家属区靠近窗口且远离入口，以防阻碍医护人员直接走到病床边。医护人员的工作区是房门到病床之间，这有利于加强对患者的隐私保护，保证医护人员讨论病情时可面对患者和家属，而非对着房门口。

独立温度控制系统允许患者自由调节病房温度和舒适度（Williams & Irurita 2005）。高端的家具可以营造出家的氛围，柔和的灯光和平和的艺术品有利于缓解患者的不安情绪，并减少其对药物的依赖。研究表明，自然景观能有效地减轻抑郁和焦虑情绪，并改善睡眠质量以促进患者康复（Beauchemin & Hays 1996；Ulrich 1984）。越来越多的证据表明，大自然对减轻患者心理压力，促进患者身体康复具有重要意义。

因此，新帕克兰医院的病房都设计成大窗户，可以无障碍地接触到自然风景，也保证房间内充足的光照（Baird & Bell 1995）。工作人员的工作区和操作间的大窗户同样可以加强与外部的联系。室内外联通设计创造了一种全新的自然康复环境。患者、访客和医护人员都可以在精心设计的景观花园散步、休息，享受宁静的休息空间和赏心悦目的自然景观。在那里，用户可以获得足够的社会支持和隐私保护，同时可以减轻来自临床环境的压力（Ottosson & Grahn 2005；Tennessen & Cimprich 1995；Cimprich 1993）。许多医护人员将康复花园作为暂时躲避压力的休息区。相比其他环境，同样的时间，自然景色可以更迅速地提高注意力（Taylor & Kuo 2009）。Grahn 和 Stigsdotter（2003）通过对瑞典九大城镇的一份调查发现，去森林里散步，让思维保持清醒是受试者给有压力的朋友的第一位建议（图4.51～图4.53，图4.56 和图4.57）。使用后评估反馈，新帕克兰医院的园林景观设计针对不同用户群体提供了不同类型的空间，建筑物内的园林景观的设计也足以保护用户隐私（Nordh et al. 2009；Van den Berg et al. 2007；Sherman et al. 2005；Varni et al. 2004；Taylor et al. 2001，2002；Kaplan & Kaplan 1989）。有的区域可以容纳多人活动，而有的则是出于保护隐私而设置的专属区域。环形的园林设计不易迷路，也为用户提供多种植被和水景环绕的锻炼空间，这些都可以为用户提供健康舒适的生活环境（图4.53～图4.55）。

图4.51　美国达拉斯新帕克兰医院——设计精良的景观。平静又赏心悦目的自然景观，方便人们到室外活动（资料来源：HDR＋Corgan 2012）

图4.52　美国达拉斯新帕克兰医院——光效研究（1）（资料来源：HDR＋Corgan 2012）

4. *提高医护人员的效率和效益*：医院环境不仅与患者的健康有关，也与医院工作人员的健康、工作效率和工作积极性息息相关（Moorthy et al. 2003）。同时，工作环境对新员工的招募和老员工的留任都会产生重要的影响，而这两个因素成为医疗行业解决劳动力短缺问题的关键。

图 4.53 美国达拉斯新帕克兰医院——花园。为不同的客户群体提供不同类型的空间（私密空间或其他），同时让楼内的客户享受到良好的观光效果（资料来源：HDR＋Corgan 2012）

图 4.54 美国达拉斯新帕克兰医院——便于辨认方向的环形结构。不仅可供人们锻炼，还突出了一些设计特点（植物、纹理和水元素的运用），有积极的治疗效果。将访客和员工走廊和电梯分隔开来（资料来源：HDR＋Corgan 2012）

图 4.55 美国达拉斯新帕克兰医院——提供设计精美和自然光充足的空间，以增加患者、家属和员工的满意度。Leather et al.（2003）针对环境评估的影响，对比两个等候区，发现新的等候区有更好的环境评估结果，可改善人的情绪，改变生理状态，以及获得更高的满意度（资料来源：HDR＋Corgan 2012）

　　为了提高患者安全感，统一配置的病房内有相同的房间布局，病床、设备、行走区、护理人员工作区、休息区、盥洗室和洗手盆等都在相同位置（Pati et al. 2010）。现有的用户报告显示，工作人员反映在统一规划的病房内工作，会更加便捷简单，减少因为设备位置不同而造成的工作混乱。当不同专业的医护人员汇集在一起应对紧急情况时，这一特征显得尤为重要。定向浮动人员和医科学生会在特定的空间待上一天到 6 周不等的时间，然后再轮换到别的科室，而统一设计病房也对他们十分有利。有采访表明，统一设计的病房更容易操作，并且对新员工的招募和老员工的留任具有十分重要的作用。

急诊室、产房和手术室都配备相同布局的病房。每个门诊楼都有两个配备36张病床的门诊病房，300英尺长的走廊里从头到尾都设有护士站。虽然住院区没有设置集中的护士站，但也有分散的站点，这样可以极大减少医护人员的行走距离。另外，每个区域都有病情讨论室和供工作人员放松的休息室。

5. *选择最好的治疗实践，适应未来的发展*：预测未来5年的医疗建筑发展会进入瓶颈期。至于未来50年，由于**健康医疗方式**的快速发展，以及相关技术的进步，医院必须具有灵活的创造性，以满足未来健康医疗的需求，并且也要有以最少的投资获取最大回报的能力。在一定程度上，敏感度自适性房间设计，可以满足这种需求。

6. *可持续设计*：这是通过美国 LEED™ 绿色建筑认证承诺和使用的、一种环保的建筑方法和能源使用原则。可持续发展要求采取措施，减少包括油漆、黏合剂等材料造成的室内污染，减少甲醛等挥发性有机化合物的使用。辨别医疗建筑项目是否符合可持续设计原则，应该从以下方面考虑：公共交通，光照和视野，能源和水资源利用率，低排放材料，景观绿化和 LEED™ 医疗环境手册（图4.55）。

2005年，新帕克兰医院的高级副总裁解释道："为了获取绿色医院资格，新医院建设必须符合绿色建筑的基本要求。例如，在施工阶段减少建筑材料填埋，预计可以减少20%的用水量。绿色设计还要求建筑材料，包括瓦楞纸板、玻璃、塑料和金属等材料的回收利用。同时，建筑的建设人员必须积极地寻找解决方法，减少能源消耗，降低能源成本等。新帕克兰医院需要在 LEED 评估中取得银级证书。举例来说，如果新医院在入口200码（1码＝3英尺，编者注）内提供了公共的自行车停放区，或者在建筑内部为工作人员提供了淋浴室和更衣室，医院评估就会多得一分。如果医院为节能高效的汽车提供优先停车点，则会再得一分。如果医院选址在地铁站半公里以内，则将得到6分"（表4.12，表4.13）。

新帕克兰医院进行了 LEED™ 医疗环境认证，这是医疗绿色指南（Green Guide for Health Care）和美国绿色建筑委员会（US Green Building Council）的一项联合计划。LEED™ 评估系统采用分层的组织结构。在这种情况下，得分被分为七个部分："可持续场地"（18%）、"水资源效率"（9%）、"能源与大气"（39%）、"材料与资源"（16%）、"室内环境质量"（18%）、"创新设计"（6%）和"地域性"（4%），加起来总共110%。LEED™ 医疗环境认证分为四级：40%～49%为合格，50%～59%是银级，60%为金级，而80%及以上是铂金级，甚至会达到110%的总成绩（表4.12，表4.13）。

7. *仅靠经过验证的策略和相关的设计干预措施不足以成功实施，必须得到循证设计过程的支持*：虽然，对设计师来说，向医疗专家和患者直接咨询并不常见，但独特的护士调研团队保证了建设过程的每一个细节都能关注到患者的身心健康。

循证设计能够将数据和宝贵的临床经验进行收集，这些经验主要来源于对患者的日常护理，地点包括病房、手术室、重症监护室、外科病房、产房、访客电梯、新生儿重症监护室和急诊室等。患者、家属咨询委员会和设计师团队会例行召开研讨会，不断选择对患者友好的实施方案。在以患者为中心的设计方法指导下，设计师团队随时可以通过咨询医护人员，创造出满足患者生活和康复需求的医疗环境。

LEED 绿色建筑评估等级（合格：40～49分；银级：50～59分；金级：60～79分；铂金级：>80分） 表 4.12

环保类别 总加权 = 100% 最高分：110 分	分值描述
可持续场地 占 23.6%，最大分值 26 分	SSP1——建筑活动污染防治
水资源效率 占 9.1%，最大分值 10 分	WE1——减少用水量：节水绿化景观
能源与大气 占 31.9%，最大分值 35 分	EAP1——建筑能源系统基础调试 EAP2——能源最低能效：要求建筑设计要达到 ASHRAE 90.1 标准，对技术和设计方案没有特别要求 EAP3——基本冷媒管理：涉及冷媒方面
材料与资源 占 12.7%，最大分值 14	MRP1——可回收物的储存和收集：旨在合理储存可回收垃圾，奖励回收利用，而不是仅仅在第一步减少垃圾。
室内环境质量 占 13.6%，最大分值 15	EQP1——最低室内空气质量 EQP2——二手烟控制
创新设计 占 5.5%，最大分值 6	
地域性 占 3.6%，最大分值 4	

新帕克兰医院以 LEED™ 医疗建筑环境评估银级（50%～59%）为目标必须要得到的分数 表 4.13

	设计目标分数	描述
1. 能源与大气 （39%）	使用再生能源系统，比如太阳能、风能、地热能，从而抵消化石燃料的消耗（1～7 分）； 坐落在距离公共交通（比如轻轨站）半英里以内（6 分）； 为节能高效的汽车提供优先停车点（1 分）	"环保地点评估"
2. 室内环境质量 （18%）	供应使用面积的 75% 以上的自然光（1 分）	"使项目计划和设计一体化"和"声环境性能"
3. 创新设计 （6%）	在医院入口 200 码内提供了自行车架，或者给工作人员提供淋浴室和更衣室（1 分）	"资源利用——灵活设计"
4. 材料与资源 （16%）	使用低排放的黏合剂和密封材料（1 分）； 回收和储存造建造和拆除过程中无害的瓦砾（1～2 分）	"低排放材料"与"减少 PBT 材料——灯/电源线里的水银、镉和铜"
5. 地域性 （4%）	安装永久的检测系统以保证通风设备达到最低要求（1 分）	"预防社区通过空气排放的污染物"
6. 可持续场地 （18%）	为路面提供树荫，包括道路、人行道、庭院和停车场等（1 分）	"与自然世界产生联系——休息的地方/患者可直接到达"
7. 水资源效率 （9%）	比建筑物原本估计的用水更少，不包括冲水系统（2～4 分）	"减少用水——测量 & 核实/建造设备/冷却塔/浪费食物体系"； "医疗设备的饮用水使用最小化"
总共 110%	以 LEED™ 医疗建筑注册银级（50%～59%）为目标	

卵石项目研究中心（Centre for Health Design's Pebble Project Research Initiative）也提供了一些医疗机构的相关案例并显示，建筑设计可以影响到护理质量和财务业绩。作为卵石项目的合作伙伴，新帕克兰医院同样提供了数据支持，用以证明设计可以提高患者的护理质量，满足更多患者的就诊需求，招聘新员工和留住老员工，扩大社会慈善、社区和企业的支持，并提高运营效率和生产力。

图 4.56　美国达拉斯新帕克兰医院——光效研究（2）（资料来源：HDR ＋ Corgan 2012）

图 4.57　美国达拉斯新帕克兰医院——光效研究（3）（资料来源：HDR ＋ Corgan 2012）

4.1.7　新帕克兰医院设计启示

认识到物理环境对患者及工作人员的重要影响，新帕克兰医院设计团队整合了可持续性和循证设计方案，最终呈现出了一个有意义且财务稳健的成果。其中，循证设计的三重目标是：

目标 1：通过环境设计，提高患者的安全保障

1）降低医疗保健感染概率

2）减少医疗失误

目标2：通过环境设计，改善治疗效果

1）减轻疼痛

2）改善患者睡眠质量

3）缓解患者压力

4）减少绝望情绪

5）较少空间定向障碍

6）保护患者的隐私及私密性

7）促进社会支持

目标3：通过环境设计，提高员工工作效率

1）减轻员工压力

2）提高员工工作效率

Fable 医院大力提倡循证设计创新方案（Sadler et al. 2011）。2004 年，第一版《Fable Analysis》明确表示：尽管创新设计理念初始时投入会很多，但绝对可以在一年之内，通过降低运营成本和提高收入的方式，使前期的投资得到回报。然而，《Fable Analysis》第二版却表示，这个投资回报期应该在三年之内，但即使是这样，这个投资回收期对于任何商业标准来说也都是合理的。影响投资回收期时间长短的主要因素是财务预算中是否包括额外收入（表4.14，表4.15）。

循证设计和相关的干预措施从最开始投入运行的阶段就收到了一定的成效，新帕克兰医院改善了患者的安全保障和治疗效果，提高了员工的工作效率和效益，并且提高了患者、家属和工作人员的满意度，同时也选择了当前最佳实践，可以灵活地适应未来发展。新帕克兰医院验证了潜在的循证策略和干预措施的重要性和相关性，从而呈现出一种有助于康复并且提高工作效率的医疗环境：

1. 隐私尊严和陪伴——允许用户自由控制病房舒适系统；

2. 视野——可以看到外部世界；

3. 自然——将室内外相连接；

4. 环境——提供了舒适又可以自由控制的环境，包括温度、灯光、声音、空气；

5. 空间辨认性——使空间很好辨认并且易通行。

可持续发展是通过 LEED™ 医疗建筑环境银级认证（50%～59%）为目标加以实现的。建筑实践致力于创造优质的设计和可持续建筑，这个创新方法促使了新帕克兰医院成为得克萨斯州第一个 LEED™ 银级认证项目。同时，还要辅之以绿色建筑方法、创新能源使用方法、环保建材产品和绿色运营等方式。随着健康需求的改变，要求设计师在设计中使用用户指定的五金器具、栏杆扶手、配件设备、材料和零件，指定的选材可以帮助减少细菌和病毒的感染。抑菌铜是唯一在环保局备注过的材料，它的表面可以在 2 小时内连续杀死

99.9%的细菌，包括耐甲氧西林金黄色葡萄球菌和抗万古霉素肠道球菌（表4.14，表4.15）。

循证设计的创新方法在同行评审期刊的研究中获得支持 表 4.14

1. 大型单人病房减少了交叉感染，有利于改善临床治疗结果，同时也提高了患者的满意度。病房面积达100平方英尺，并为家属设计过夜休息区，提高了家属的满意度和参与度

2. 敏感度自适性病房减少了患者的转移，从而避免了诊断和治疗的延迟；减少了医疗失误以及患者摔倒概率；同时减少了工作人员的压力，提高了工作效率

3. 大窗户允许充足的自然光照射到室内，扩大了视野，提供了平静舒适的康复环境。这对患者的康复和治疗效果的改善至关重要，也对工作人员十分有利

4. 更大的双门浴室使员工和家属可以帮助患者从床边移动到浴室，从而减少甚至消除患者摔倒的事件（这大部分是发生在患者自己从病床边走到浴室的过程中或者浴室里）

5. 安全的病房设计减少了因患者移动而受伤的情况，在遵守安全法的同时节省了治疗成本

6. 提高了室内空气质量，高效微粒空气过滤器可以有效去除99.97%微粒子，减少感染。实验表明，持续保持室内空气循环、避免室内空气循环使用，可以有效减少感染概率

7. 分散的护士站设置使护士可以清楚地看到每间病房，及时应对特殊事件，同时提高了医护人员的工作效率

8. 所有病房都单独设置洗手台，有助于提高用户清洁的自觉性，这对预防细菌和病毒传播十分重要

9. 药物区域的灯光设置减少了分发药物的错误，便于临床医生准确地阅读药物标签及配药

10. 减少噪声的方法可以有效解决噪声带给患者和工作人员的影响。噪声污染会造成患者睡眠质量下降，降低康复速度，增加身心压力。减少噪声的方式包括：使用吸声性能好的顶棚瓷砖，选择吸声的地毯，提供静音和防震动的设备室，使用无线寻呼机，增加私人使用空间，降低警报声音，以及设置单人病床等方式

11. 高效的建筑围护结构、机械设备以及热回收系统，极大减少了能源消耗

12. 通过安装低流量装置收集雨水、使用高效用水服务设备等，可以有效减少用水量

13. 电子重症监护室比一般重症监护室的服务能力更加全面，它的使用可以直接减少死亡率，缩短重症监护室的平均住院时间，以及减少成本

14. 治疗性的景观和家具，可以减少患者的焦虑和沮丧的情绪，促进康复速度

15. 音乐以及积极的娱乐措施在患者的治疗过程中扮演着重要的角色，加快恢复速度，减轻患者的疼痛，缩短住院时间，以及减少压力和沮丧情绪

16. 康复花园的设计提供了积极的娱乐场所，可以使患者、家属和员工接触到绿色健康的自然环境，从而减少他们的压力，提升治疗结果

资料来源：Sadler et al. 2011。

LEED 2009 分数描述 表 4.15

环境类别 总量＝100% 最高分：110 分	得分描述
可持续场地 占23.6%，最大分值：26.0 分	SSP1——建筑活动污染防治：每项得1分
	SS1——场地选择：每项得1分
	SS2——开发密度和社区连通性：每项得5分
	SS3——棕地再开发：每项得1分
	SS4.1——替代交通——公共交通：每项得6分
	SS4.2——替代交通——自行车存放和更衣室：每项得1分
	SS4.3——替代交通——低排放＋节能车辆：每项得3分
	SS4.4——停车场容量：每项得2分
	SS5.1——场址开发——保护或恢复生态环境：每项得1分
	SS5.2——场址开发——开放空间最大化：每项得1分
	SS6.1——雨洪设计——流量控制：每项得1分

续表

环境类别 总量＝100% 最高分：110 分	得分描述
可持续场地 占 23.6%，最大分值：26.0 分	SS6.2——雨洪设计——水质控制：每项得 1 分 SS7.1——热岛效应——无屋顶：每项得 1 分 SS7.2——热岛效应——屋顶：每项得 1 分 SS8——减少光污染：每项得 1 分
水资源效率 占 9.1%，最大分值：10.0 分	WEP1——减少用水量：以减少冲水系统用水量为目标：每项得 1 分 WE1——节水绿化景观：每项得 4 分 WE2——创新性的废水处理技术：每项得 2 分 WE3——减少用水量：每项得 4 分
能源与大气 占 31.9%，最大分值：35.0 分	EAP1——建筑能源系统基础调试：每项得 1 分 EAP2——能源最低效能：建筑设计应达到 ASHRAE90.1 的标准，技术或设计方案没有特殊的规定。每项得 1 分 EAP3——基本冷媒管理：与制冷有关。每项得 1 分 EA1——优化能源效能：每项得 19 分 EA2——实地可再生能源：每项得 7 分 EA3——增强调试：每项得 2 分 EA4——改善制冷剂管理：每项得 2 分 EA5——测量和检验：每项得 3 分 EA6——绿色能源：每项得 2 分
材料与资源 占 12.7%，最大分值 14.0 分	MRP1——可回收物的储存和收集：旨在合理储存可回收垃圾，奖励回收利用，而不是仅仅在第一步减少垃圾：每项得 1 分 MR1.1——建筑再利用——保留现有的墙、地板和房顶。每项得 3 分 MR1.2——建筑再利用——保留原有的室内非结构性元素：每项得 1 分 MR2——建筑废弃物管理：每项得 2 分 MR3——材料再利用：每项得 2 分 MR4——回收内容：每项得 2 分 MR5——地区材料：每项得 2 分 MR6——快速可再生材料：每项得 1 分 MR7——已认证木材：每项得 1 分
室内环境质量 占 13.6%，最大分值：15.0 分	IEQP1——最低室内空气质量：每项得 1 分 IEQP2——二手烟控制（ETS）：每项得 1 分 IEQ1——室外空气运输检测：每项得 1 分 IEQ2——增加通风：每项得 1 分 IEQ3.1——建设室内空气环境管理计划——建设中：每项得 1 分 IEQ3.2——建设室内空气环境管理计划——使用前：每项得 1 分 IEQ4.1——低挥发性材料——黏合剂和密封材料：每项得 1 分 IEQ4.2——低挥发性材料——油漆和涂层：每项得 1 分 IEQ4.3——低挥发性材料——地板系统：每项得 1 分 IEQ4.4——低挥发性材料——复合木材和纤维板：每项得 1 分 IEQ5——室内化学物和污染物控制：每项得 1 分 IEQ6.1——系统可控性——灯光：每项得 1 分 IEQ6.2——系统可控性——热舒适性：每项得 1 分 IEQ7.1——热舒适性——设计：每项得 1 分 IEQ7.2——热舒适性——验证：每项得 1 分 IEQ8.1——采光和视野——采光：每项得 1 分 IEQ8.2——采光和视野——视野：每项得 1 分

环境类别 总量＝100% 最高分：110 分	得分描述
创新设计 占 5.5%，最大分值 6.0 分 **地域性** 占 3.6%，最大分值 4.0 分	ID1——创新设计：每项得 5 分 ID2——LEED 认证专家（AP）：每项得 1 分 RP：每项得 4 分

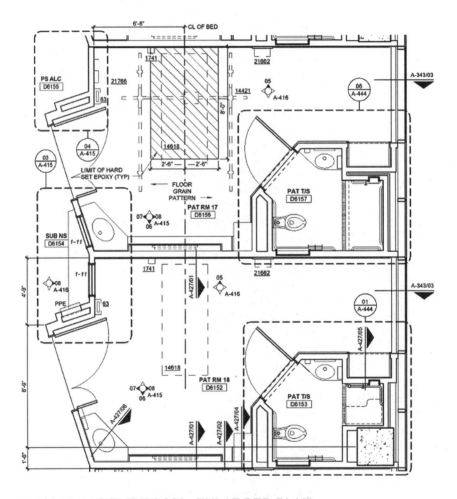

01 TYPICAL PATIENT ROOM - ENLARGED PLAN
1/4" = 1'-0"

图 4.58 美国达拉斯新帕克兰医院——标准住院病房布局（资料来源：HDR ＋ Corgan 2012）

想要达到银级认证，新帕克兰医院需要在占总分 39% 的"能源与大气"方面取得高分。公共交通部门通过提供合适的交通方式，帮助新帕克兰医院在这一项目上取得了不错的分数。提供绿色建筑认证的主要目的，就是在建筑设计与投入使用过程中，尽可能多地节约能源、减少原材料消耗、控制二氧化碳排放，实现绿色发展。

仅靠验证过的策略和相关的设计干预措施不足以成功实施，必须得到循证设计过程的支持。虽然对设计师来说，向医疗专家和患者直接咨询并不常见，但独特的护士调研团队保证了建设过程的每一个细节都能够关注到患者的身心健康。

这一结果的呈现需要以严谨、科学、广泛的数据收集为基础。这就意味着设计者要在项目的整个设计过程中收集有效的研究成果，并通过反馈将数据整理分析，最终为决策做出有效参考。这不仅需要在项目初期收集数据，还要让数据始终指导决策，并贯穿整个建筑项目，进行无缝连接。

4.2　中国、澳大拉西亚与新加坡的案例研究

4.2.1　广东省佛山市顺德第一人民医院，中国

顺德第一人民医院是一所公立医院，由中国政府出资建造，该大型公立医院位于广东省佛山市顺德区市郊。佛山市历史悠久，人口 540 万，计划未来与广东省省会广州市（一座人口超过 1000 万的城市）合并成一座名为"广佛"的特大城市。该医院位于佛山市郊，有望推动当地的经济发展和健康服务水平。

顺德医院项目是通过国际化竞标得来，项目预算为 11.105 亿人民币，最后该项目由总部在美国加利福尼亚州安大略城的 HMC 建筑师事务所竞得，并与中国佛山顺德建筑设计院（作为合作者，主要处理建筑文件事宜）合作。初期规划是 220 万平方英尺的医院区域，容纳 1500 张床位，之后扩建到 280 万平方英尺（约 260128.5 平方米），容纳 2300 张床位。

该医院于 2012 年竣工，新医院取代了原先 800 张床位的旧医院。设计过程中，设计师对当地气候、城市规划和基础设施进行了全面分析之后，为佛山量身定制了可持续发展的建筑策略，此策略可以满足快速发展的社区医疗的需求（图 4.59～图 4.62）。

图 4.59　顺德第一人民医院——鸟瞰图（资料来源：**HMC Architects ＋ Foshan Shunde Architectural Design Institute 2012**）

图 4.60 顺德第一人民医院——主入口（资料来源：HMC Architects＋Foshan Shunde Architectural Design Institute 2012）

医院设计既融合了现代科技，又照顾到了当地人的生活习惯和需求。顺德第一人民医院设计理念既弘扬了东方医药文化和设计传统，又融合了创新的西方医疗设计方式，将医院的功效最大化发挥，目的是提高医院的整体服务效率。医院的整体设计直接体现了医疗保健事业进一步的发展与演变，十分具有观赏性和实用性。

1. *沟通，医院直达区以及对不同人群的隔离*：该医院的布局反映了中国的一个现状，即很多中国人并不会在就诊之前按一定流程与医护人员进行交流，而是步行、骑车或乘公交直接到达医院。基于这一现状，医院的中心建筑是一个大面积的候诊厅，可容纳4000人在此排队就医。医院中最引人瞩目的地方是一面用赤陶土做成的、被刷成木质颜色的墙体。赤陶土是顺德的传统产品，在工业革命之前，顺德人民就开始用它生产烹饪用具了（图4.61～图4.63）。这面墙沿着走廊在整座建筑中穿梭，旨在提供导航、疏散大厅中的人群。墙上是清晰的地图，即使是不识字的访客也可以迅速地定位和寻路。

2. *总体规划、空间布局和建筑结构*：设计师将该医院设计成一个有活力的、弯曲的脊椎式结构，然后把一系列建筑井然有序地连接起来。该结构内部有一条宽阔的人行道和一个大面积的"生态大厅"，可以把医院的每一部分和谐地连接起来。同时，主广场横切整个脊椎式结构，成为整个院区的中心。

曲状脊椎式结构和主塔式建筑协同合作，把整个建筑分成四个部分：公共通道、门诊处、后勤处和休息区。划分医院功能是为了解决潜在的矛盾，提供足够的私人空间，提高工作人员工作效率，减少患者的焦虑和紧张，增强导航和引路功能等（Ottosson & Grahn 2005；Grahn & Stigsdotter 2003；Passini et al. 2000；Tennessen & Cimprich 1995；Cimprich 1993）。脊椎式结构穿过的主塔楼区域，是一个标志性的开阔空间，这是整个院区的中心地区（图4.64～图4.66；表4.16）。

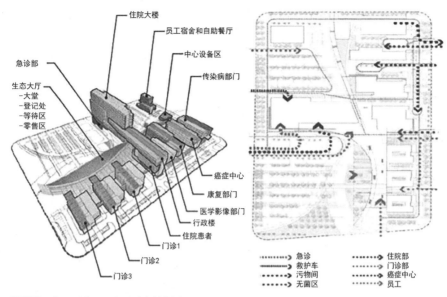

图 4.61 顺德第一人民医院——布局（资料来源：HMC Architects ＋ Foshan Shunde Architectural Design Institute 2012）

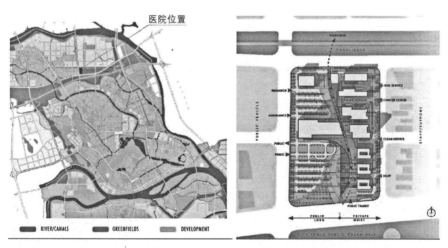

图 4.62 顺德第一人民医院——医院位置＋布局（资料来源：HMC Architects ＋ Foshan Shunde Architectural Design Institute 2012）

图 4.63 顺德第一人民医院——医院到达区（资料来源：HMC Architects ＋ Foshan Shunde Architectural Design Institute 2012）

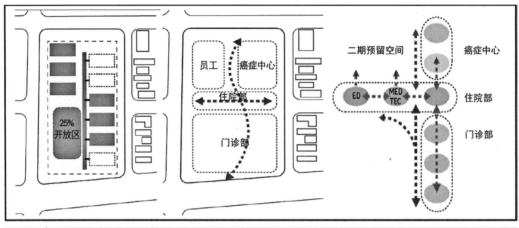

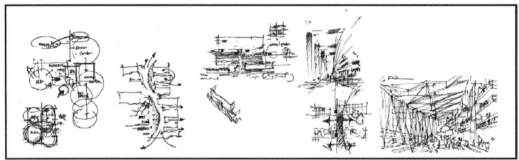

图 4.64　顺德第一人民医院——整体设计之流通分析。Rayman Plan 高级副主席 / HMC Architects 事务所洛杉矶办事处设计负责人设计的草图（资料来源：HMC Architects ＋ Foshan Shunde Architectural Design Institute 2012）

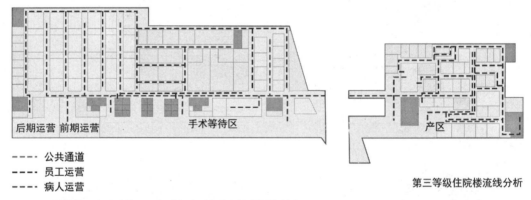

- - - - 公共通道
- - - - 员工运营
- - - - 病人运营

第三等级住院楼流线分析

图 4.65　顺德第一人民医院——交通流量＋流通分析（资料来源：HMC Architects ＋ Foshan Shunde Architectural Design Institute 2012）

　　医院被分为四个主要的区域：门诊部、住院部、癌症中心和后勤部。所有建筑都围绕着颇具活力的脊椎式结构和"生态大厅"分布排列，这样保证了医院的自然通风。

　　这种医院建筑的排列方式可以使各个建筑物相互连接，减轻整体运作负担，同时建筑分离又可以控制传染性疾病的传播。医院的可持续设计理念旨在充分利用建筑功能，并保证设备的高效使用。开放的院区设计保证了患者最大限度地享有私人空间，并且在健康舒适的治疗环境中获得帮助和诊治（图4.67，图4.68）。

图4.66 顺德第一人民医院——医院俯瞰图（资料来源：**HMC Architects + Foshan Shunde Architectural Design Institute 2012**）

3. *自然采光和通风*：建筑的朝向和规模会影响建筑物内的自然采光和通风程度、空间提供舒适环境的能力、吸热及反光，以及获得可再生能源的能力。内部空间充足的自然光有助于康复环境的改善，影响治疗效果（Beauchemin & Hays 1996；Ulrich 1984），同时可以减少能量消耗，促进实现可持续发展目标（图4.69，图4.70，图4.76）。

4. *连接大自然和治疗公园的通道*：顺德第一人民医院推崇中西建筑传统和理念，结合大自然的疗愈特性，通过设置大面积的室内和室外绿地以及治疗公园，注重在医疗保健环境中提供精致的景观，服务于患者的康复以及家人的休闲和隐私保护（Nordh et al. 2009；Van den Berg et al. 2007；Sherman et al. 2005；Varni et al. 2004；Taylor et al. 2001，2002；Kaplan & Kaplan 1989）。同时，医院取材注重使用当地生产的材料和产品，极大促进了当地经济发展，这也是可持续发展理念的反应。医院建设关注自然、连接自然，为患者、访客和工作人员提供舒适的视觉享受，同时也分散了他们的治疗压力和工作压力。

5. *半私人、私人和贵宾私人病房*：顺德第一人民医院是当地最主要的治疗中心，项目占地240万平方英尺（合222967.3m^2）。该医院包括，配备2000多张病床的住院楼、急诊楼、门诊大楼、中医中心、肿瘤治疗中心、医疗研究实验室、传染病治疗区、2000个停车位以及一栋员工宿舍。在美国，如果一个医院的床位超过1000个，则被认为是大规模医院。然而就这个配置，顺德第一人民医院在中国仅达到了大城市公立医院的平均水平。

顺德第一人民医院——信息一览表   表 4.16

项目类型： 医院（综合诊所），1500 张床位（6000 门诊患者 / 日）

项目组成： 住院部：综合外科、综合内科、加护病房、儿科、妇科、产科、耳鼻喉科、眼科、传染病科、癌症肿瘤中心
门诊部：综合内科、综合外科、儿科、妇科、产科、皮肤科、口腔科、耳鼻喉科、眼科、疼痛科
医学实验室：手术科、X 光 / 放射科、临床试验科、功能测试区、透析中心、康复中心、内镜检查中心、高压氧治疗科、核医学中心、病理科、生殖科
急救部门：急救中心设计：事故和紧急咨询、抢救室、紧急手术室、放射实验室、急救实验室、功能诊断和评估

建造类型： 新建筑

规模： 260128.5 平方米（2800000 平方英尺）
2000 张病床，每日 6000 位门诊患者，每日 500 位急诊患者
2000 个停车位（900 地面停车位和 1100 停车大楼停车位）

成本： 总成本：18 亿元人民币（包括土地购置费）；每平方米成本：6900 元人民币 /m²

采购： 传统方式

专业服务： 建筑、园林建筑、土木工程、电机工程、总体规划、岩土工程、工程造价咨询、工程管理

项目团队： 委托方——佛山市顺德区工程建设中心＋顺德第一人民医院。设计单位：佛山市顺德建筑设计院股份有限公司＋美国 HMC 建筑师事务所；建筑施工：浙江中天建设集团有限公司；建设管理——广州宏达工程顾问公司

循证建筑设计特征和干预： 提高患者的安全感，改善治疗结果，提高工作的工作效率，提高患者、家属和员工的满意度，适应中国的实践和当地的传统，提供能适应未来发展的能力

可持续设计特征： 采光，绿化景观，利用循环水来降温的水域景观和设施（湖水的蒸发冷却效应使白天的温度降低，也减缓了夜间温度波动），能源效应，与建筑物融为一体的太阳能光伏发电板面积为 15000m²，利用可再生技术，能发电 1500MW，以及智能供热通风与空气调节系统，这样的设计使运输等级问题得到完美解决。
AutoCAD 和 EcoTECT 两个软件被用于仿真模拟研究，这对四墙体系统至关重要。四墙体系统是指：① 窗墙系统带有阳台，可以提供花园视野，也减少了朝南的房间过多的日光暴晒；② 玻璃幕墙系统带有遮阳帘，将视觉联系最大化，同时也过滤阳光，避免暴晒；③ 低排放中空玻璃幕墙系统主要用于朝北的房间，使间接日光照射最大化以及扩大室外视野；④ 带有光架的低排放中空玻璃幕墙系统提供了可控的挡板，使自然光转向再照进房间。总之，可持续性特征旨在适应医院的地理位置——广东省，夏季炎热而冬季温暖

大多数病房是拥有两张病床的半私人病房，这和西方的理念是不同的。西方推崇单人病房，因为双人或多人病房会导致高感染率（Crimi et al. 2006；Jiang et al. 2003；Hahn et al. 2002；Ben-Abraham et al. 2002；McManus et al. 1992）；增加流行病爆发率，造成更多的医疗失误；破坏隐私性及保密协议；较高的噪声污染（Donahue 2009；Trites et al. 1970）；降低病床管理的灵活性、有效性（Phiri 2004；Lawson & Phiri 2003），以及男女混住造成的治疗不便。单人间的患者不易受传染性疾病的影响，减少了交叉感染的概率，同时减少了与室友的药物混淆概率。除此之外，单人间患者休息不受别人的影响，保证了充足的睡眠和良好的精神状态。

另外，单人间的患者因不与他人共用卫生间，因此减少了细菌感染的概率。这些细菌可能产生于医护人员，也可能产生于其他人员（如拉动床帘，或使用血压计，或敲击计算机键盘等）（图 4.71～图 4.75）。

图4.67　顺德第一人民医院——生态大厅（1）。该设计把东方的医药和文化与西方的创新融于一个有吸引力并且功能强大的屋顶下（资料来源：**HMC Architects ＋ Foshan Shunde Architectural Design Institute 2012**）

图4.68　顺德第一人民医院——生态大厅（2）。在这种自然通风的空间里，容纳着大厅、登记处、等候室、零售区、流动区等，以链接医院所有的主要组成部分（资料来源：**HMC Architects ＋ Foshan Shunde Architectural Design Institute 2012**）

6. *提高患者、家属及工作人员的满意度*：尽管调研并没有覆盖中国所有的公立医院，但结果依然显示，中国患者获得基本医疗服务的花费较低，但如果想要入住单人病房，花费则升高。公立医院会收取一部分额外的费用填补开支，并利用这部分收入提升患者满意度。美国的民意调查显示，如果医院把所有的病房变为单人间，患者满意度则会直线上升，因为民众认为500张病床是十分平等地为患者提供服务的，无论贫富，接受的医疗服务是一样的。

图 4.69 顺德第一人民医院——四墙体系统。① 窗墙系统带有阳台，可以提供花园视野，也减少了朝南的房间过多的日光暴晒；② 玻璃幕墙系统带有遮阳帘，将视觉联系最大化，同时也过滤阳光，避免暴晒；③ 低排放中空玻璃幕墙系统主要用于朝北的房间，使间接日光照射最大化以及扩大室外视野；④ 带有光架的低排放中空玻璃幕墙系统提供了可控的挡板，使自然光转向再照进房间（资料来源：HMC Architects ＋ Foshan Shunde Architectural Design Institute 2012）

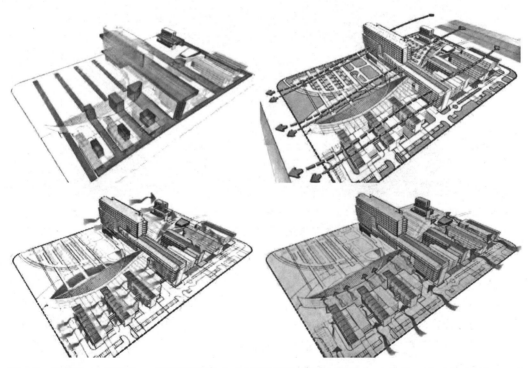

图 4.70 顺德第一人民医院——自然通风设计（1）（资料来源：HMC Architects ＋ Foshan Shunde Architectural Design Institute 2012）

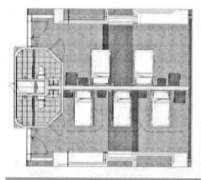
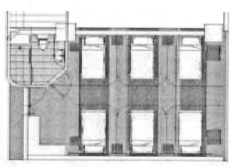
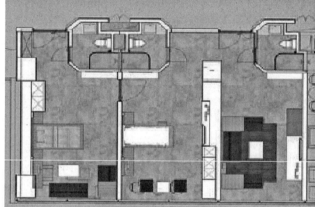

图例： 结构网格3900mm×8000mm
· 双人经典病房布局
3900mm×8000mm=31.2m² 内置成套洗手间
· 三人经典病房布局
3900mm×8000mm=31.2m² 内置成套洗手间
· 六人经典病房布局
7800mm×8000mm=62.4m² 内置成套洗手间
· 贵宾病房（只有一间起居室）
7800mm×8000mm=62.4m² 内置成套洗手间，
可最大化欣赏室外景观
· 贵宾病房（一间起居室和一间家属用房）
11700mm×8000mm=93.6m² 内置成套洗手间

图 4.71 顺德第一人民医院——住院部病房布局（资料来源：HMC Architects ＋ Foshan Shunde Architectural Design Institute 2012）

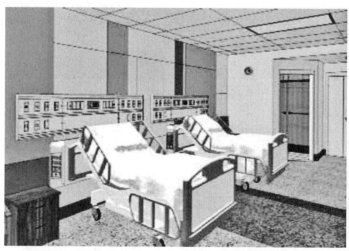
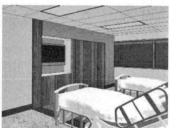

图 4.72 顺德第一人民医院——双人病房 3D 效果图（资料来源：HMC Architects ＋ Foshan Shunde Architectural Design Institute 2012）

　　7. *可持续设计*：为达到政府的要求，使该项目成为可持续医院建设的典范，设计师将医院大厅设计成"生态大厅"，并在屋顶安装太阳能光伏板，这样每年可产生 330MW 电能，供给医院使用。除此之外，顺德第一人民医院可持续设计的目标是适应项目的地理特点——医院位于广东省，气候特点夏季炎热、冬季温暖（图4.76～图4.81，图4.83；表4.17，表4.18）。

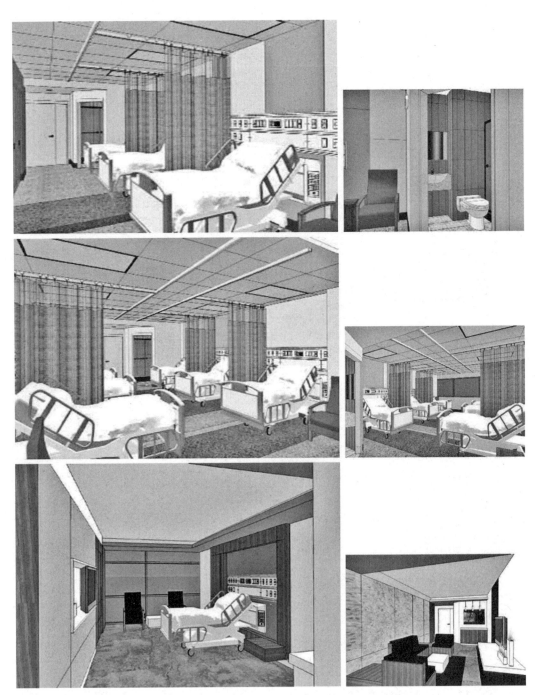

图4.73 顺德第一人民医院——三人病房、六人病房和贵宾病房3D效果图（资料来源：HMC Architects ＋ Foshan Shunde Architectural Design Institute 2012）

顺德第一人民医院旨在成为城市新兴计划最重要的一部分，因此注重城市交通系统的设计，可以为用户提供便捷服务。其次，设计师为了遮挡西面的阳光将外部结构设计成土墙构造，使大厅在夏日午后也可以保持凉爽，而在夜晚排放出白天吸收的热量。至于其他的可持续性特征还体现在屋顶的光伏板设计、生态大厅里的冷梁设计，以及无毒油漆的使用等。

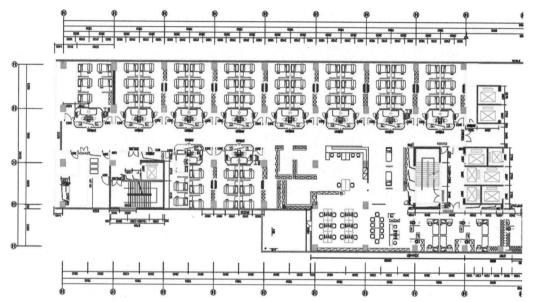

图4.74 顺德第一人民医院——病房布局（1）（资料来源：**HMC Architects ＋ Foshan Shunde Architectural Design Institute 2012**）。病床的排列与窗户平行。一般来说，每一排不超过三个床位（特殊情况下不超过四个）；每两排不超过六个床位（特殊情况下不超过八个）。每两个平行的床位之间的距离不少于 **0.8m**；靠墙壁的床位与墙之间的距离不少于 **0.6m**。如果床铺被排成一列，走道的宽度不窄于 **1.1m**；如果床位被排成两列，走道的宽度不窄于 **1.4m**。护士站和病房门之间的距离不超过 **30m**（**Ministry of Construction & Ministry of Health PR China 1988:25**）

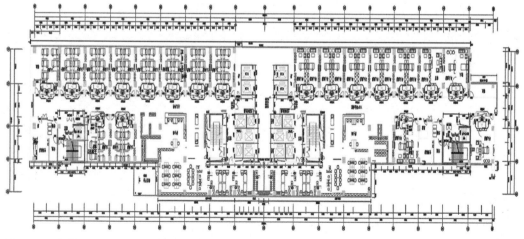

图4.75 顺德第一人民医院——病房布局（2）（资料来源：**HMC Architects ＋ Foshan Shunde Architectural Design Institute 2012**）

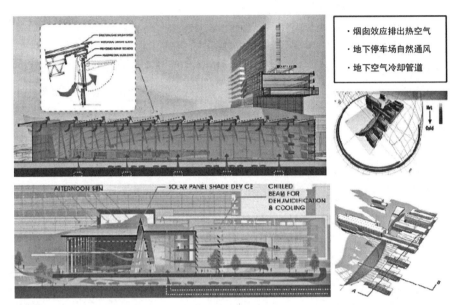

图 4.76 顺德第一人民医院——自然通风设计（2）（资料来源：**HMC Architects ＋ Foshan Shunde Architectural Design Institute 2012**）

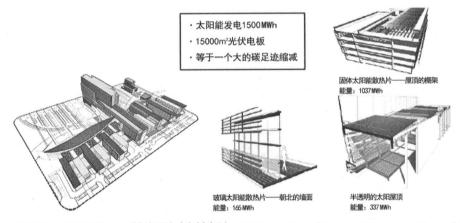

图 4.77 顺德第一人民医院——可持续设计（资料来源：**HMC Architects ＋ Foshan Shunde Architectural Design Institute 2012**）

　　该医院的设计特色之一是太阳能集成中心。所有朝南的和屋顶的遮阳结构都安装有光伏板，产生的电能超过了每年医院的用电量即 1500MWh。墙壁蓄热、太阳能墙、地热能（地下空气管道）等，都可以用来调整室内温度。高效的选址，也为医院未来扩展留下了大量的可调节空间。

　　最后，顺德第一人民医院建筑设计充分利用了当地的地方遗产以及建筑工业和材料，以适应顺德当地的习俗习惯和文化特征。医院主体使用了顺德当地的赤陶土作为建筑物外部材料，保持和延续了顺德市作为"赤陶土之城"的生产传统。另外，顺德市也以"水城"闻名，院区内交错的水网就是源于当地有名的运河，它是当地人生活密不可分的一部分（图 4.81）。

图 4.78　顺德第一人民医院——医院夜景（资料来源：HMC Architects ＋ Foshan Shunde Architectural Design Institute 2012）

图 4.79　顺德第一人民医院——住院楼（1）（资料来源：HMC Architects ＋ Foshan Shunde Architectural Design Institute 2012）

图 4.80　顺德第一人民医院——住院楼（2）（资料来源：HMC Architects ＋ Foshan Shunde Architectural Design Institute 2012）

图 4.81　顺德第一人民医院——水元素设计（资料来源：**HMC Architects ＋ Foshan Shunde Architectural Design Institute 2012**）。研究表明，人们喜欢闪闪发光的流动的水面（**Coss 2003**）

顺德第一人民医院——绿色医院建筑评价标准　　　　　　　　　　　　　　　　　　　　　　　　　　　　　**表 4.17**

		分数	达到★★—★★★等级所要求的得分
A. 一般项 （35）	1. 规划 （6）	共 6 项	4.0.9　医院主要建筑体形系数符合国家批准或备案的公共建筑节能标准的规定； 4.0.10　场地环境噪声符合现行国家标准《声环境质量标准》GB 3096 的规定。病房楼、宿舍等居住类用房不宜紧邻城市主干道，如条件不许可，应增加隔声措施； 4.0.11　建筑物周围人行区风速低于5m/s，不影响室外活动的舒适性和建筑通风。在寒冷和严寒的多风地区，医院主要患者出入口宜考虑设置遮风候车设施；在夏热冬暖和夏热冬冷地区，医院主要患者出入口宜考虑设置遮阳候车设施； 4.0.12　避免建筑物周边大面积铺装硬地。未被设备占用的平屋顶，铺设绿化屋面或使用高反射率材料屋面至少占到可计算屋面面积的 50%。坡屋面应设置屋面下的通风层或高反射率屋面材料； 4.0.13　绿化物种选择适宜当地气候和土壤条件的乡土植物，且采用乔木、灌木、草相复合的绿化； 4.0.14　医院应合理选址，尽量减少工作人员和患者的交通需求。场地交通组织合理，在主要建筑入口和公共交通站点之间修建人行通道
	2. 建筑 （6）	共 5 项	5.0.11　医院设计中体现人性化设计因素并适当增加休闲等候空间。建立与自然界联系的休息空间，至少规划 5% 的建设用地面积为病人、来访者和工作人员提供和自然环境直接联系的休憩场所； 5.0.12　医院建筑室内空间应有系统的安全措施，防止和避免出现人员伤害；

续表

		分数	达到★★—★★★等级所要求的得分
A. 一般项（35）	2. 建筑（6）	共5项	5.0.13 医院建筑室内装修材料的选择要求达到坚固、结实和耐用。医院建筑内隔墙、门垛口、门和墙柱阳角的面材可抵抗水平冲击的破坏。墙面材应使用具有耐久性、耐擦洗性、耐消毒性和抗菌性面材； 5.0.14 应采取措施防止建筑的非结构部分对安全的影响。避免因自然灾害和其他突发事件的破坏造成功能失灵、人员伤害、通道堵塞； 5.0.15 病房室内及走廊采用弹性地板降噪或具有其他降噪措施
	3. 设备及系统（10）	共9项	6.0.9 建筑供电、供水、供气、供热、供冷应按用途和区域进行分项计量； 6.0.10 建筑设备选择应适合设计荷载和部分荷载运行需要，并通过建筑设备监控系统对设备及其系统进行一般性的节能运行调节； 6.0.11 按照现行国家标准《冷水机组能效限定值及能源效率等级》GB 19577，使用能效至少达到2级的电制冷空调冷水机组，按照现行国家标准《单元式空气调节机能效限定值及能源效率等级》GB 19576，使用能效至少达到3级的单元式空调机； 6.0.13 采暖通风空调系统竣工验收前应进行风、水系统平衡测试和设备调试，并有正式调试检验报告，性能参数符合设计要求及标准； 6.0.14 10/0.4 kV变压器的空载损耗和荷载损耗不高于国标规定的能效限定值，且变配电室内设置功率因数自动补偿装置和功率因数表，功率因数补偿值应满足国家相关规定或当地供电部门要求； 6.0.15 变配电所位于荷载中心附近； 6.0.16 采用节水器具，以节约水资源。采用水质分级供水，保证各类用水水源、水质； 6.0.17 在满足医疗流程和功能的前提下，分区域、分时间段实行有效的人工照明控制； 6.0.18 设置信息化系统，实现医疗数据网络传输
	4. 环境与环境保护（7）	共5项	7.1.13 对空气污染控制无特殊要求的房间，优先采用自然通风； 7.1.16 新风口过滤净化设施的设置符合《综合医院设计规范》JGJ 49的有关规定； 7.1.17 洁净用房、严重污染的房间，其空调系统自成体系，各空调分区能互相封闭； 7.2.10 空压站、真空泵站、锅炉、燃气轮机、柴油发电机、制冷机、水泵等各种动力源的噪声控制，符合现行国家标准《声环境质量标准》GB 3096的规定； 7.2.11 医院设有专门区域接收、回收或安全处置危险材料，如医疗垃圾、致病传染性物质、有毒物质、放射性物质的安全存放、运输和处理
	5. 运行管理（6）	共6项	8.0.8 在运行过程中要采取措施降低能源消耗，节约用水，减少环境污染和固体垃圾的产生； 8.0.9 倡导采用公共交通工具、自行车、步行等绿色出行方式。采取措施减少私家车的使用。设置存取方便、设施完备的自行车存放处； 8.0.10 对运行活动的资源消耗情况进行计量、统计，核算支出，与部门绩效挂钩，有奖惩措施； 8.0.11 采取措施提升信息、电力、通信、供水、燃料、医用气体、热力、通风和空调等关键功能系统，以及急诊室、监护病房、手术室等关键区域中的医疗设备的抗灾能力。有容灾备份的方案和替代手段；有适当的储备；有应急维修和恢复的预案； 8.0.12 采用措施对医院建筑内使用和存放有害化学品、药物、放射性物质、易燃易爆物品、压力容器、毒种、菌种的地点加以防护，防止因自然灾害和其他突发事件的破坏造成次生灾害的事件； 8.0.13 定期检查所供应的医用气体品质，对医用气体系统的设备状况、运行性能进行检查和评估

续表

B. 优选项 （33）	6. 优选项 （33）	分数	达到★★—★★★等级所要求的得分
		共16项	5.0.17 采用屋顶绿化、植物遮阳等生态手段降低建筑能耗； 5.0.19 医院建筑采用框架结构体系，满足功能上的发展变化； 6.0.19 所采用的节能和节水等技术，实施前均已经过寿命周期技术分析评价，判断为合理使用； 6.0.20 采用智能照明控制系统，根据需求调节人工光源。按建筑面积计算，该系统的使用率不低于30%。采用高效节能的光源、灯具和电器附件； 6.0.26 采用本章一般项和优选项未提及的、可靠的、经济的综合技术措施，通过计算显示全年能耗比参照建筑减少3%以上； 7.1.18 采用合理措施改善室内或地下空间的自然采光效果； 7.1.19 采用外遮阳设施，优化建筑外围护结构的热工性能，改善室内热环境； 7.1.20 设置室内空气质量监控系统，保证健康舒适的室内环境； 8.0.14 对基本建设的运行活动所破坏的自然环境加以恢复； 8.0.15 采取措施避免雨水污染、光污染，降低热岛效应，改善室外休息环境； 8.0.16 对采用绿色出行方式的员工给予奖励； 8.0.17 对高能耗、用水量大、污染室内外环境的设施和设备进行技术改造； 8.0.18 在日常维护和设备更新时选用节能、节水和绿色的产品； 8.0.19 采用建筑设备监控系统对设施、设备的运行情况进行监控； 8.0.21 有应对自然灾害和其他突发事件的装修、改造计划，能够在必要时根据医疗流程调整、床位扩充、院内感染控制等方面的需要及时进行医院建筑的装修和改造； 8.0.22 有应对自然灾害和其他突发事件的人员疏散方案，并且定期演练，必要时能够迅速、有序、安全地将患者、员工、来访者疏散到安全地带

资料来源：Foshan Shunde Architectural Design Institute ＋ HMC Architects 2012。

绿色医院建筑评价标准——等级标准 表 4.18

绿色医院建筑评价 标准等级	一般项（35）					优选项 （33）
	规划 （6）	建筑 （6）	设备及系统 （10）	环境及环境保护 （7）	运行管理 （6）	
★一星	2	2	3	2	2	—
★★两星	3	3	5	4	3	10
★★★三星	4	4	7	5	4	22

资料来源：Chinese Hospital Association 2012。

8. *将循证设计与中国的传统习惯相结合*：尊重、认可、融合中国传统的医疗实践，同时利用西方的先进知识指导与干预设计，提高设计实用性，将错误最小化，并促进生产率最大化。另外，再融合可持续设计将医疗服务的功能发挥到极致，可以每日为1500位住院患者和6000位门诊患者提供服务。这是可持续设计和循证设计融合的关键（图4.82；表4.19，表4.20）。

讨论组也将提供潜在用户的意见给顺德第一人民医院设计项目组。

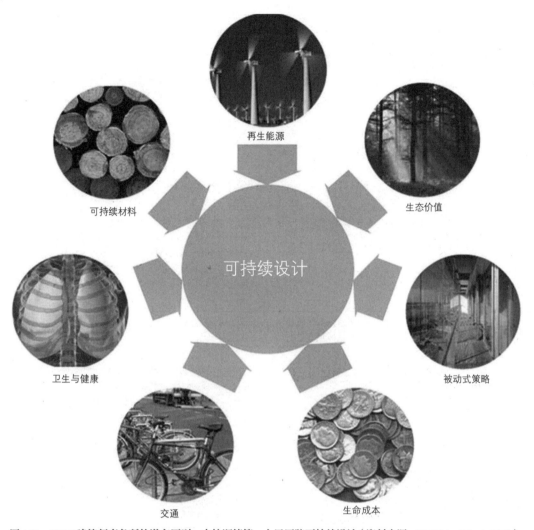

图 4.82 HMC 建筑师事务所的潜在原则，支持顺德第一人民医院可持续设计（资料来源：HMC Architects 2012）

顺德第一人民医院——以 LEED 金级为目标 表 4.19

	必须得分	附加得分
可持续场地占 23.6%，最大分值：26.0 分	SSP1——建筑活动污染防治	SS4.1——替代交通——公共交通 SS4.2——替代交通——自行车存放和更衣室 SS4.3——替代交通——低排放＋节能车辆 SS4.4——替代交通——停车场容量 SS5.2——场址开发——开放空间最大化 SS6.1——雨洪设计——流量控制 SS6.2——雨洪设计——水质控制 SS7.1——热岛效应——无屋顶 SS8——减少光污染

	必须得分	附加得分
水资源效率占9.1%，最大分值：10.0分	WE3.1——节约水资源	WE1.1——节水绿化景观，减少50%用水量 WE2——创新性的废水处理技术 WE3.2——减少用水量30%
能源与大气占31.9%，最大分值：35.0分	EAP1——建筑能源系统基础调试 EAP2——能源最低效能 EAP3——基本冷媒管理	EA1——优化能源效能 EA2——实地可再生能源 EA3——增强调试 EA4——改善制冷剂管理 EA5——测量和检验 EAP6——绿色能源
材料与资源占12.7%，最大分值：14.0分	MRP1——可回收物的储存和收集	MR2.1——建筑废弃物管理，转移50%被处理的垃圾 MR4.1——回收内容10%（使用后＋1/2使用前） MR5.1——10%当地选材、处理和生产 MR5.2——20%当地选材、处理和生产 MR6——快速可再生材料 MR7——已认证木材
室内环境质量占13.6%，最大分值：15.0分	EQP1——最低室内空气质量 EQP2——二手烟控制	IEQ1——室外空气运输检测 IEQ2——增加通风 IEQ3.2——建设室内空气环境管理计划：使用前 IEQ4.1——低挥发性材料——黏合剂和密封材料 IEQ4.2——低挥发性材料——油漆和涂层 IEQ4.3——低挥发性材料——地板系统 IEQ4.4——低挥发性材料——复合木材和纤维板 IEQ5——室内化物物和污染物控制 IEQ6.2——系统可控性——热舒适度 IEQ7.1——热舒适性——设计 IEQ7.2——热舒适性——验证 IEQ8.1——采光和视野——75%空间采光良好 IEQ8.2——采光和视野——90%空间视野良好
创新设计占5.5%，最大分值：6.0分	无必备条件	ID1-1.4——创新设计 ID2——LEED认证专家（AP）
地域性占3.6%，最大分值：4.0分	无必备条件	MR5.2——20%当地选材、处理和生产

广州气候数据（广东佛山属于夏季炎热、冬季温暖地区，平均温度在18.9～26.3℃，相对湿度为77.5%）　表4.20

广州（1971—2000年）气候数据												
月份	1	2	3	4	5	6	7	8	9	10	11	12	总计
平均最高温度 [℃（℉）]	18.3 （64.9）	18.5 （65.3）	21.6 （70.9）	25.7 （78.3）	29.3 （84.7）	31.5 （88.7）	32.8 （91）	32.7 （90.9）	31.5 （88.7）	28.8 （83.8）	24.5 （76.1）	20.6 （69.1）	26.3 （79.3）
平均最低温度 [℃（℉）]	10.3 （50.5）	11.7 （53.1）	15.2 （59.4）	19.5 （67.1）	22.7 （72.9）	24.8 （76.6）	25.5 （77.9）	25.4 （77.7）	24.0 （75.2）	20.8 （69.4）	15.9 （60.6）	11.5 （52.7）	18.9 （66）
降雨量 [mm（英寸）]	40.9 （1.61）	69.4 （2.732）	84.7 （3.335）	201.2 （7.921）	283.7 （11.169）	276.2 （10.874）	232.5 （9.154）	227.0 （8.937）	166.2 （6.543）	87.3 （3.437）	35.4 （1.394）	31.6 （1.244）	1736.1 （68.35）

续表

广州（1971—2000年）气候数据												
月份	1	2	3	4	5	6	7	8	9	10	11	12	总计
相对湿度（%）	72	77	82	84	84	84	82	82	78	72	66	66	77.5
平均降雨（天）	7.5	11.2	15.0	16.3	18.3	18.2	15.9	16.8	12.5	7.1	5.5	4.9	149.2
日照时间（小时）	118.5	71.6	62.4	65.1	104.0	140.2	202.0	173.5	170.2	181.8	172.7	166.0	1628.0

资料来源：China Meteorological Data Sharing Service System http://cdc.cma.gov.cn, 2012. 8. 7。

4.2.2 顺德第一人民医院设计启示

顺德第一人民医院是中国可持续发展医疗建筑设计的试点工程，它为未来的医院设计提供了可持续探索的参考方案。其设计理念是将西方的医疗理念进行引进和转化，使其适应中国当地的实际情况，打造一个创新的医疗环境。医院的设计尊重了中国当地医疗实际，并结合可持续发展理念，目的在于改善医疗功能、减少医疗错误、提高工作效率，满足医院每天为1500名住院患者和6000名门诊患者提供医疗服务的目标。这是可持续发展理念和循证设计原则相结合的关键。

顺德第一人民医院的设计获得了美国建筑师协会设计奖，因为它不仅基于循证设计原则，也关注操作性、行为性和文化性的理念。

依据循证设计原则设计而成的这所新医院，融合了多种文化和设计理念。医疗保健系统和家庭参与需要对循证设计方案进行不同解读。建筑由内到外的所有环节均把"人"的因素带到了建筑设计和建造过程中，从人的大脑运算到行为选择，都是建筑设计的考量因素，这也是绿色可持续发展的最终目标。

顺德第一人民医院提供的重要启示是，要在建筑设计中，注重国家标准和国际标准的区别，以及明确目标与不同解决方法的重要性。中国的绿色建筑标准和其他国家标准是有区别的，例如，中国绿色医院建筑评价标准与美国LEED医疗建筑环境、英国BREEAM医疗建筑环境、澳大利亚Greenstar是有明显区别的。而顺德第一人民医院所面临的挑战则是，在引入这些评估标准的同时，如何解决它们带来的问题，例如，如果这些基础设施（比如检测器或依存性监测）没有充分发挥作用，或没有遵循相应原则。

在中国，想要发展独立的医疗建筑指导方案，最大的优势是可以和国家的立法、医疗政策和特殊医疗环境相结合。这样就避免了过于依靠外界因素，保证了评估和指导方案可以随着客观条件的改变而不断更新。与此同时，想要保持指导方案和评估办法长久发挥作用的重要条件之一，是要在相关的科研领域和专家设备等方面进行大量、持久的投入。

4.2.3　盖伦赛德院区改造，澳大利亚（Glenside Campus Redevelopment，Adelaide，Australia）

澳大利亚盖伦赛德院区改造的总花费是 1.3 亿澳元，配备了 129 张病床，主要区域包括心理健康室、急诊室、康复室、专家服务部门、门诊部、产房以及办公区等。这个项目是富有身体健康和心理健康双重意义的重大医疗服务改革，经过严密的总结，其战略性意义和政策性内容都体现在南澳大利亚专科保健服务综合护理模式中（V11，2008）。盖伦赛德院区改造计划得到了澳大利亚社会融合委员会（Social Inclusion Board）的支持，并在 2007 年 2 月的报告中提到，将逐步推行 "2007—2012 年社会融合委员会心理健康行动计划"。

新盖伦赛德医疗服务项目拥有跨学科背景的技术团队，包括来自英国的医疗建筑团队和当地（阿德莱德）的 Swanbury Penglase 建筑师事务所。通过一系列研讨会，设计师对用户进行了长期的调查研究，以确保建筑设计在符合环境要求外，还要满足当地用户和消费者的生活习惯和健康需求（表 4.21）。

澳大利亚盖伦赛德院区改造信息一览表　　　　　　　　　　　　　　　　　　　　　　表 4.21

建筑物描述：主要区域包括心理健康室、急诊室、康复室、专家服务部门、门诊部、产房以及办公区等

规模：15000m^2。**成本**：1.3 亿澳元，每平方米成本＝（1.3 亿澳元 /15000m^2）。**建筑类型**：新建筑。**采购流程**：通过服务质量和费用的对比，选择管理承包商（GC21 建造合同第一版）。承包商在该项目的设计早就就已经确定了设计方案。
项目团队：用户委员会为 Department for Transport，Energy and Infrastructure；赞助方为 South Australia Health；设计师团队为 Swanbury Penglase Architects 的 Medical Architecture UK。**其他合作商**：CM＋Urban Designers；材料和能源工程师为 BESTEC；结构工程师为 KBR；成本顾问为 Rider Levett Bucknall；建造商为 Hansen Yuncken

循证设计原则以及相关的干预措施
• 建筑设计和布局结构符合当地环境和居民生活特点，从而创造一个健康舒适的治疗环境；
• 崇尚高端自主的融合社区；
• 为别墅式结构和庭院式结构提供高标准园景布局，注重与自然景观的联系，避免过多地使用室外栅栏；
• 保证重建项目是充满活力的、多样的、包容的社区，使之和周边建筑完美融合

使用后评估：旨在评估新医疗设施的功能是否达到新医疗规范的要求。该评估提供了有价值的循证证据

可持续性资格：在可持续设计和建造中处于变革的前沿。实践可持续性原则，通过可持续性建筑达到改善室内空气质量、提供健康治疗环境的目标，寻求院区的生态价值。项目小组也将通过监测各方面的性能治疗，来对可持续发展关键成果进行持续监测和评估。例如，通过检测能源目标（每年 0.86MJ/m^2）达到减少能源消耗的目的；通过检测水资源目标（每年 0.25kL/m^2）减少用水；通过采光目标（即超过 45% 的使用空间要有至少两种采光方式）以保证室内充足的阳光照射，以及通过设置浪费目标（减少 80% 的建造垃圾），减少能源浪费，增加回收利用

环境可持续设计倡议：玻璃设计——在关键领域指定玻璃窗；绝缘材料——建筑材料特性超过 BCA 标准20%；采光——模拟优化日光渗透、日光热量获取之间的关系；高效率、高频率的装置——选择与健康相关的低频闪烁的装置，使用低 VOC 材料和低甲醛产品以保持室内空气质量高标准；室内噪声评估；所有超过 100kVA 的能源设备采用分项计量，使照明功率密度最小化；分区照明——所有单独房间分开控制，而员工区采用自动控制；所有客户区采用可开启窗户+办公区扩大功能；自动关闭供热通风与空气调节系统，以提高能源使用效率；运用可再生能源发电——安装 5kW 光伏发电设置；节水装置——收集雨水用于冲洗；改造受污染的土地——将耐旱的绿化园林纳入考虑，植被洼地＋敏感植被，保留＋提高生物多样性；提供大量的自行车存放位，鼓励多样的交通方式；供热通风与空气调节系统使用零臭氧制冷剂；建造垃圾填埋转移，替换硅酸盐水泥——30% 现场浇筑，20% 预先浇筑，15% 预应力混凝土；使用可回收的材料

最终目的就是在特定环境下解决特定问题，满足环保要求，为可持续发展设立一个标杆，继而采用如澳大利亚绿色建筑委员会的 "绿色之星" 或其他建筑评估办法，对项目进行评估

　　盖伦赛德项目面临着城市内现有建筑重大改造的挑战，并且要为区域的建筑发展提出意见和有效参考，为地区提供集多功能性和灵活性于一体的基础设施建设。该项目于2010年初开始启动，主体工程包括：用户使用场所的重新配置，环境改善设施的重置，以及所有新医疗设备使用前的模型测试（图4.83～图4.87）。

图 4.83　澳大利亚盖伦赛德（Glenside）院区重建的鸟瞰图（资料来源：**Medical Architecture UK 2012**）

图 4.84　澳大利亚盖伦赛德院区改造——公共公园村庄式结构：半私人和私人的公园分开（资料来源：**Swanbury Penglase Architects 2012**）

图 4.85　澳大利亚盖伦赛德院区改造——"门前空间"＋进入院区的第一个地点（资料来源：**Medical Architecture UK ＋ Swanbury Penglase 2012**）

图 4.86　澳大利亚盖伦赛德院区改造——庭院内配置大量公园长椅：为社交活动提供外部空间，增加与大自然的交流（资料来源：**Swanbury Penglase Architects 2012**）

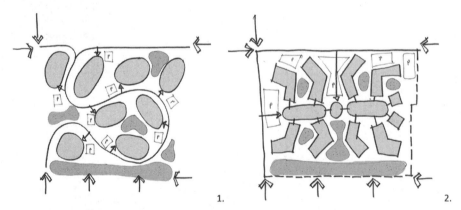

图 4.87　澳大利亚盖伦赛德院区改造——结构选择。方案一：岛状分布式结构。每个住户有门前空间、分散的绿地空间、公共空间以及大型建筑；方案二：集中复杂式结构。大型的不可渗透的中心建筑，单向入口，内部活动清晰明了（资料来源：**Swanbury Penglase Architects 2012**）

　　盖伦赛德院区新配备的现代化医疗设施为精神疾病患者、酗酒患者和社会保健等提供了新的医疗服务方案，其灵感可以追溯到 1836 年的维多利亚式避难所。新的设计方案充分发挥了现代化建筑功能特点，将循证设计原则和可持续原则相结合，旨在创造一个安全、舒适的治疗环境，以期将建筑功能和服务功能相整合，提供灵活的医疗设施，为未来的医疗健康发展提供参考意见（表 4.22，表 4.23）。

澳大利亚盖伦赛德院区改造——项目工作组确定了可持续发展设计方案和关键绩效实施方案，并由能源、水资源、日光和废弃物等方面的可量化绩效目标来界定。工作组同时需要负责监控和评估　　表 4.22

	盖伦赛德院区可量化绩效目标＞最佳选择	权威来源、原理和论据
能源	每年能源消耗 0.86MJ/m²	《南澳大利亚战略计划》（2007）规定：能源的消耗截至 2012 年，要在 2000 年和 2011 年的基础上减少 25%；以 1990 年的国家温室气体排放的限制标准为准，温室气体排放在 2015 年以前要减少 60%。其中，最佳值（50%～74%）：是 1.43GJ/m²
水资源	每年饮用水消耗 0.25kL/m²	在《南澳大利亚卫生》（2008）规定的医疗机构用水量的基础上减少 83%，小型医疗机构的水用量减少 72%。其中，最佳值（50%～74%）：大型医疗机构为 1.38kL/m²，现存小型医疗机构为 0.9 kL/m²
日光	超过 45% 的日常照射区采光系数要达到 2 或更高	超过 60% 的房屋面积要达到大于 2.0 的采光系数，以 "绿色星级，Office v3，IEQ-4 日光标准" 为评价标准。建筑玻璃设计和遮阳设置的评估结果，可以表明接受自然光照射的能力。其中，最佳值（50%～74%）：超过 30% 的日常照射区的日光系数要不低于 2.0
废弃物	填埋的废弃物总量至少减少 80%	盖伦赛德院区改造过程中将废弃物排放最小化，并且促进废弃物的回收和再利用，但危险材料和受污染的土壤不包含在内。最佳值（50%～74%）：80% 的建筑废弃物不再被填埋，转而进行回收再利用

资料来源：Cundall ＋ Swanbury Penglase Architects 2012。

澳大利亚盖伦赛德院区改造——可持续设计方案，2008 年 11 月到 2010 年 11 月项目工作组 9 次研讨会的成果　　表 4.23

改善室内环境质量，并打造健康建筑	玻璃设计	玻璃设计旨在提高自然光穿射能力。玻璃设计要考虑两个重要的因素：玻璃的尺寸和玻璃的朝向。重要的休息区域需要设置双层玻璃以改善热效能。也要考虑外部遮阳设备，通过窗户设计，实现与户外的接触，并设置单边走廊
	隔热	建筑材料的属性（如玻璃和隔热材料）要超过澳大利亚建筑规范（BCA）标准的 20%，并提升建筑的效能，减少对暖通空调（HVAC）的需求
	建筑材料最优化选择	在整个设计过程中可持续建筑材料的选择要进行对比评估
注重室内环境质量，以此提高用户健康水平	日光	采用日光模拟来优化日光渗透和太阳热能获取之间的关系
	高频率照明器材	选择高效能、高频率的照明器材（减少灯光的低频率闪烁）
	挥发性有机化合物（VOC）	采用挥发性有机化合物含量低的材料，确保室内高水平的空气质量
	甲醛最小化	选用低甲醛产品，确保室内空气质量的高水准
	室内噪声水平	咨询声学顾问，对室内噪声水平进行评估，保证暖通空调设备和交通产生的噪声污染最小化
	室内绿植	配置室内绿植作为净化空气和有效的生物过滤系统

每年预计能源使用量达861MJ/m³,与遣返总医院相比减少了25%(每平方米)	分项计量	所有超过 100kVA 能源进行分项计量,为建筑管理系统(BMS)的重新调整提供数据,从而促进能源优化和效能
	照明功率密度	既符合 AS/NZS 1680 的要求,也以最佳使用设计为目标来实现照明功率密度最小化
	灯饰区域	所有独立房间和封闭式房间分开控制,以此来对灯光转换控制实现更大程度的灵活性,找到灯光管理过程中更节省能源的方法
	灯光自动控制	在员工互动区使用灯光自动控制,以确保人工照明只在有人使用房间时开启;客户区包含卧室,也应设置手动开关
	外部照明	有效的外部照明不应造成光污染
	暖通空调系统	在所有客户区域设有可开关的窗户+办公区域设置加宽的定点设置。尽管按顾客要求安装暖通空调系统,但一年中大部分时间是关闭的,只有在天气情况不得不要求开空调时才会打开
	自动关闭暖通空调系统	尽可能使用传感器,提高能源利用率。传统的风扇与暖通空调共同作用
	可再生能源发电	安装在屋顶的 5kW 光伏发电系统,每年可减少 8500 吨二氧化碳气体排放
水资源	水资源管理	控制可饮用水使用量。通过雨水存储和水资源循环使用,将每年用水量减少了83%,相当于 18 个奥运游泳池的储水量。与总医院用水相比,减少了 83%
	节水装置	根据选择购买指定的节水装置。在选择装置时,需符合 4 星威尔斯(WELS)评级
	雨水收集	收集的雨水用于冲洗。建筑中央的水桶可存放 52000 升水,通过雨水收集减少水资源使用量
运用生态学将对当地生态系统和生物多样性的影响降到最小	受污染土地的回收	采取必要的措施来修复受污染的土地。合理利用潜在湿地。改善土地利用,种植原生植被,增加生物多样性
	植被洼地	在停车场附近设置植被洼地。通过过滤地表径流、增长洼地储水时间等方式改善当地生态环境
	种植敏感植被	种植敏感性植被有助于改善当地生态环境
改善交通以减少排放	驾驶工具	提供足够的自行车以鼓励人们转用其他交通方式出行。已对景观和基础设施进行了开发,如此一来便可与盖伦赛德扩大后的公共交通系统对接,并减少当地的碳足迹。使用汽车人数的减少将会为社会发展提供机会
确定排放目标并将其与对环境的影响加以结合	制冷剂排放	暖通空调(HVAC)中使用的所有臭氧消耗能值(ODP)应为零
	光污染最小化	外部阳光不应从场地周边上部和外边射进
	军团菌污染最小化	不使用冷却塔,消除军团菌爆发的风险
使用可以将功能性和环境影响之间关系最优化的材料	转移本该被填埋的建筑垃圾	减少 80% 以上填埋垃圾
	水泥替换	硅酸盐水泥替换——现浇时替换30%,预浇时减少20%和15%的凝结混凝土,大幅减少隐含碳和能源利用量
	可回收材料	尽可能地使用可回收材料,如石膏板和隔热板(建设现场就无须做回收工作)
加以管理以实现集中且持续的承诺	环境管理计划	可持续管理对项目预期的实现及效益的最大化至关重要。通过适当的场地管理和环境规划(EMP),为废弃物、水资源和能源消耗设定目标,并制定合适的管理和监督办法

资料来源:Cundall + Swanbury Penglase Architects 2012。

1. *需要进行现场结构、空间布局以及医疗模型的选择性评估*：在经济、社会环境等快速发展的情况下，建造高水平、高质量的医疗建筑，需要各种因素具有较强的适应性，因此可以在未来几十年仍有使用价值。

通过利益和缺陷评估，盖伦赛德选出五个改造方案：

方案一：岛状分布式结构。每个住户有门前空间、分散的绿地空间、公共空间以及大型建筑。

方案二：集中复杂式结构。大型的、不可渗透的中心建筑，单向入口，内部活动清晰明了。

方案三：网状分布结构。医院建筑与社区相融合但具有独立的特征，建筑高密集度并配备公园。

方案四：别墅型结构。私人花园围绕一排相同大小的房屋建造，而建筑物由小规模房屋构成，或者为居民住宿提供独立的房屋，一般情况下也提供医疗保健服务。

方案五：村庄型结构。建筑物围绕公共花园排列，每个单独的住宅区都有社区医院。另外还配备具有商业价值的"前院建筑"，这是访客最先接触到的，可以发挥管理和教育的功能（图4.87～图4.92）。

精神病院到底发挥着什么功能、如何建造，以及在哪里建造，一直是一个没有定论的话题，精神病院的选址应该与社区相融合还是相分离，这亟需探讨和解决。精神病院的管理有这样几种选择：第一种是大门紧锁，与社区分离；第二种是开放式的，给予患者部分自由，与社区医院有共同的住院区。其中关键的因素，就是对院区边界的定义，以及远离社区的范围。很大程度上，精神病院对患者来说，就像是一种"监狱"，而控制患者的初衷则是保护社会的安全，避免精神病患者与社会接触，甚至造成危害（Curtis et al. 2009）。

但是，专业人员也应该看到精神病院的变化和新的需求。一方面，精神病院的选址一直是在城郊、乡间或偏远地区，通常大门紧闭、固墙高筑，这样做的原因是让患者避免产生从外界所带来的虐待和歧视的困扰。毕竟在嘈杂的社会环境中，这些精神病患者是相当脆弱的。但是值得肯定的是，这样的院区内也设有丰富的园林景观，供患者休息和放松。另一方面，社会也已经不断反思和完善，在社区内特别是城市内建精神病院，创造与社会和自然更多的接触条件，进行大胆的尝试和变革。在盖伦赛德院区改造项目中，设计方案不仅关注设施的小范围运用，还关注着大范围的管理，为院区功能的发挥提供了多种多样的实施办法。

以上涉及的所有情境中，模范护理和模范建筑是对立的，这表明建造环境是一个至关重要的决定性因素，它会决定患者的康复程度。

2. *创造一个安全舒适的治疗环境*：新精神病院设计的关键问题是，妥善处理紧急住院部和当地社区之间的联系，满足患者和社区的双重需求。作为市政建设的一部分，医院建筑不仅应该兼具功能性和观赏性，还应该强化社区联系（Curtis et al. 2009）。

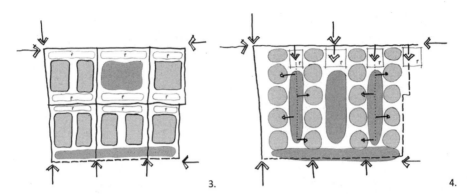

图 4.88　澳大利亚盖伦赛德院区改造——方案选择。方案三：网状分布结构。医院建筑与社区相融合但有独有的特征，建筑高密集度并配备公园；方案四：别墅型结构。私人花园围绕一排相同大小的房屋建造（建筑物由小规模房屋构成，或者为居民住宿提供独立的房屋，一般情况下也提供医疗保健服务）（资料来源：Swanbury Penglase Architects 2012）

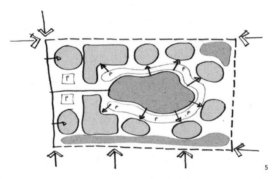

图 4.89　澳大利亚盖伦赛德院区改造——方案选择。方案五：村庄型结构。建筑物围绕公共花园排列，每个单独的住宅区都有社区医院。另外还配备具有商业价值的"前院建筑"，这是访客最先接触到的，可以发挥管理和教育的功能（资料来源：Swanbury Penglase Architects 2012）

图 4.90　澳大利亚盖伦赛德院区改造——"乡村式的公共环境和植物"。随处可见的绿色区域为社交活动提供了外部环境，有助于培养社区精神，同时也增加了室外体质锻炼的机会。村庄绿化规范是一个可以进行休闲 / 运动的、共享的绿色空间，能够进行有组织的活动和非正式的运动会，并提供一个乡村的中心聚集地（资料来源：Swanbury Penglase Architects 2012）

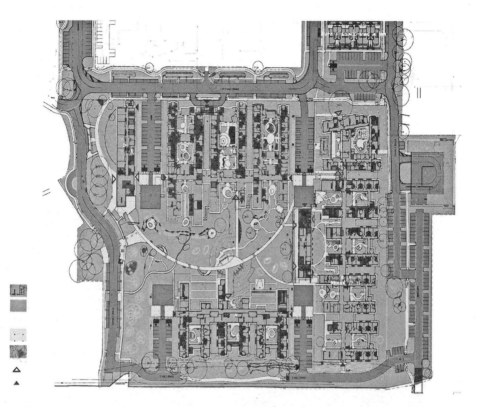

图 4.91　澳大利亚盖伦赛德院区改造——总体规划：村庄型布局。建筑物围绕公共花园排列，路线便于寻找和导航。总规划加强了整个院区改造中的公共艺术，增强了盖伦赛德院区独特的历史和文化背景，也为广大市民和新精神病院的患者增加了公共用地和其他公用设备（资料来源：Swanbury Penglase Architects 2012）

图 4.92　澳大利亚盖伦赛德院区改造——"公园式"环境：安全舒适的养疗环境（资料来源：Swanbury Penglase Architects 2012）

此外，对于长期精神病患者来说，精神病院的地位就更加重要，医院可以提供相对稳定的康复环境，并且能够提供持续的治疗，保证患者的康复环境是可控的且安全稳定的。盖伦赛德院区也为未来的医疗护理提供宝贵的经验，有助于厘清医疗服务和康复环境的平衡关系，保障患者的身心健康，并且为患者康复后返回社会做好准备（Curtis et al. 2009）。这就要求创建一个像家一样的康复环境，帮助患者得到及时的护理和评估，有限度地提供医疗管制。

对于精神病院融入社区这一要求，需要加强人们对精神病本质的理解，并且最大限度地给予包容，毋庸置疑的是，这种包容是无法在"监狱"一般的精神病院中体现的。

盖伦赛德院区的目标是，尽力解决全部的问题，但如果实在无法兼顾，那就从澳大利亚当地的生活习惯入手，尽可能多地解决实际问题，最终指向提高治疗过程的安全性和隐私性。

3. *住院部、卧室布置及共享空间的出入*：明确标注出入口位置，这对疗养空间的营造至关重要，并且会对精神疗养院里患者、工作人员和访客的身心健康产生一定的影响。其中非常重要的是空间结构。生活空间的层次性关系到患者的康复情况以及患者的隐私，该院区既包括保密性极佳的病房设计，又包括全面开放的公共空间。这种设计旨在增加患者的自主性，并对以患者为中心的保健模式提供支持（图4.93～图4.99）。

图4.93 澳大利亚盖伦赛德院区改造——典型病房。出于安全和隐私考虑，在单人房配备浴室/盥洗室，提高病床管理的灵活性和有效性。医院配有四个独立且入住率不同的单元，每个单元还包括很多相连的"舱室"[除海伦·梅奥之家（Helen Mayo House）]。每个"舱室"都配有8到10个卧室，围绕着庭院分布开来，既考虑了用户安全，也不会使他们感觉禁闭感，同时，14m长、10m宽的、标准的、风景秀美的庭院可以作为疗养佳处，进行很多室外活动，静坐、步行或沉思（资料来源：**Medical Architecture UK ＋ Swanbury Penglase Architects 2012**）

对于盖伦赛德院区项目中的病房，设计关键点如下：

- 运用不同建筑形式，设计安全且私密的病房；
- 根据建筑物确定病房的位置；
- 透过窗户可以看到庭院，庭院外缘设有日光房，也可看到医院外部的景色；

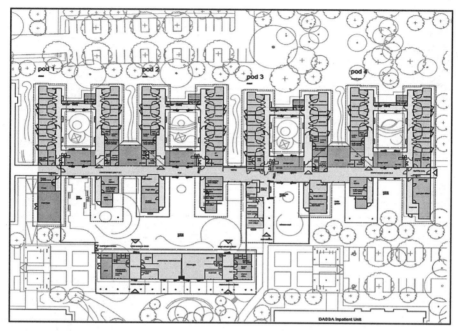

图 4.94 澳大利亚盖伦赛德院区改造——第一层规划：康复中心（资料来源：Swanbury Penglase Architects 2012）

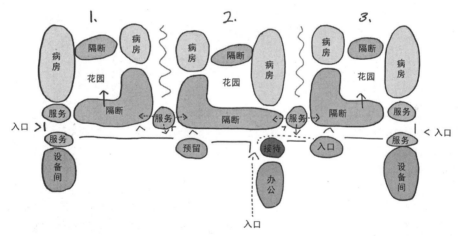

图 4.95 澳大利亚盖伦赛德院区改造——南澳大利亚药物和酒类服务图：空间布局旨在促进邻近关系或相互依赖性（资料来源：Medica Architecture UK ＋ Swanbury Penglase Architects 2012）

● 购物中心可作为内部街道使用，将进出口、病房"舱室"和共享空间相连接；

● 利用"舱室"之间的连接，搭建可共享空间。在走廊和接待区实行空间的"连接转换"，增进与社区的联系，比如对医院来说十分重要的走廊和前台（Douglas & Douglas 2009）（图 4.100，图 4.101，图 4.103，图 4.105～图 4.107）。

在购物中心附近设置共享公共场所，从而在两者之间提供多样化的混合使用空间。在这种设计下，相关活动的开展可以激活共享的疗养庭院，使之充满活力，并且便于自我监管（图 4.102，图 4.104，图 4.108）。

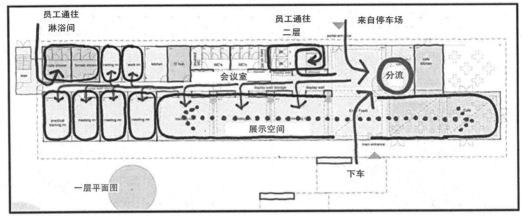

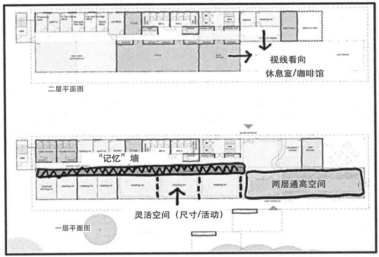

图4.96 澳大利亚盖伦赛德院区改造——房屋前部规划草图：主要通道和环形道用来定位和行走。大厅可以用来展出艺术品，比如患者、工作人员和当地艺术家的雕塑作品，其中包括具有历史意义的艺术品展示（资料来源：**Medical Architecture UK ＋ Swanbury Penglase Architects 2012**）

与医疗部门其他领域相比，心理健康部门早已因不同原因而接受提供单人病房的做法，尤其是考虑到共用病房里某个或其他患者的安全，避免侵犯隐私、伤害尊严和打破私密性；减少患者因与室友弄混而导致的用药错误；提高病床管理的灵活性和效率（Phiri 2004；Lawson & Phiri 2003），其中包括确保男女不住在同一间病房，以及室友不会对患者产生有害压力，阻碍康复及治疗过程。

因此，提供单人病房的主要目的并非一定是降低传染率，或降低疾病传播时的易感性，或减少暴露在带有室友病菌的空气中（Crimi et al. 2006；Jiang et al. 2003；Hahn et al. 2002；Ben-Abraham et al. 2002；McManus et al.1992）。

4. *尊重隐私权、自主权以及社区的整合*：心理健康服务者面临的挑战之一就是克服社会对心理疾病的歧视和误解，包括打破旧式医疗机构的服务模式，以及改变传统精神病院对精神病患者生理缺陷的诊断。

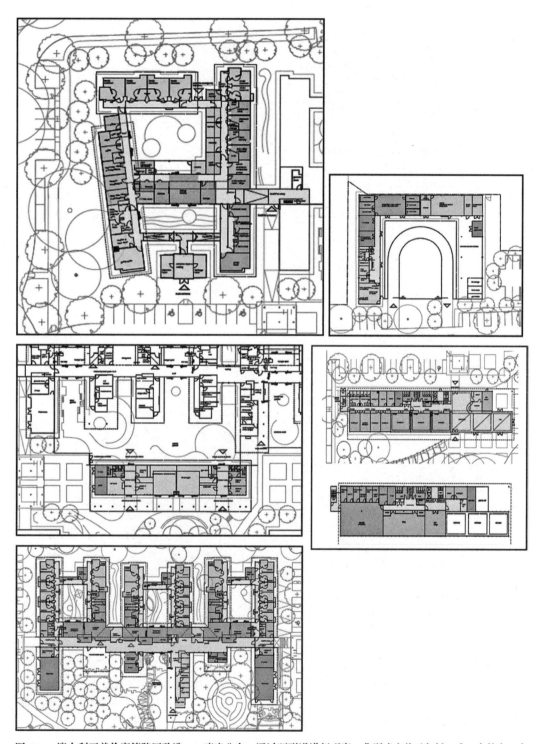

图 4.97 澳大利亚盖伦赛德院区改造——病房分布：通过环形道进行观察。典型病房单元包括 3 或 4 个舱室，中间有大的走廊相连，像内部购物中心，可以直达管理和咨询办公室，并配有前门和主要通道（资料来源：Medical Architecture UK ＋ Swanbury Penglase Architects 2012）

图4.98 澳大利亚盖伦赛德院区改造——病房的内部庭院。半公共式的外部空间可以提高安全性和私密性，增强自我价值感和自我护理动机（这与治疗目的一致，可帮助患者重新获得在社区生活的能力），有助于患者恢复健康（资料来源：Swanbury Penglase Architects 2012）

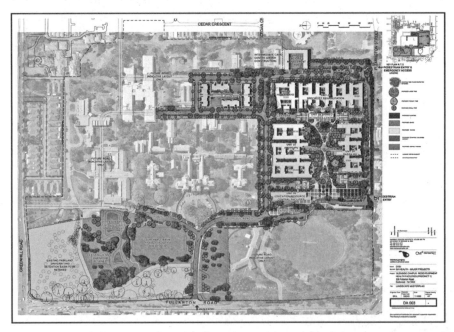

图4.99 澳大利亚盖伦赛德院区改造——空间布局和通道。将半公共外部空间纳入其中，有助于提升安全性、私密性、尊严感和自主性，并提高自我价值感和自我护理动机（这与治疗目的是一致的，会帮助患者重新获得在社区中自如生活的能力），同时有助于身体康复（资料来源：Swanbury Penglase Architects 2012）

盖伦赛德院区再开发过程中，为消除旧式医疗机构根深蒂固的缺陷，方法之一便是提供"家庭式"庭院建筑，并将其分布在公共的"康复花园"周围，供患者和其他市民共同使用。如此配置的目的是提高患者的安全感，保护他们的隐私及尊严，增强用户自主权以及自我防护动机，这有助于患者重新获取社会生活能力的治疗目的是一致的，并将进一步完善社会保健体系（图4.109，图4.110）。

5. *满足环境质量高标准的公园式构造*：很多研究都强调医疗环境的高标准，同时要兼顾风景优美、设计独特。特别强调应当提供具有康复效果的自然景观，以促进患者康复，为用户提供休闲放松的场所，并注重保护隐私（Nordh et al 2009；Van den Berg et al. 2007；Sherman et al. 2005；Varni rt al. 2004；Taylor et al. 2001；Kaplan & Kaplan 1989）。

图4.100 澳大利亚盖伦赛德院区改造——公共空间的转换方式（1）。对医院设计来说非常重要，因为这会增强他们与社区的联系（资料来源：**Swanbury Penglase Architects 2012**）

图4.101 澳大利亚盖伦赛德院区改造——公共空间的转换方式（2）。对医院设计来说非常重要，因为这会增强他们与社区的联系（资料来源：**Swanbury Penglase Architects 2012**）

盖伦赛德院区的特点是占地面积大，患者可活动范围大，活动自由性高。研究显示，在医院长期受到"家庭式护理"的患者，即使在该医院关闭很久之后，依然会对这里保持留恋，并愿意回到此处参观。

盖伦赛德院区改造项目提供了很多可参考的研究成果，例如优先选择公园式结构等。公园式结构主要由空间布局、建筑形式以及材料选择等方式共同形成；除此之外，还有设备种类、固定装置和外部装置等一系列因素。其主要目标就是充分利用空间结构，使其服务于各种医疗活动，以及医院管理和患者康复治疗。

6. *多样性*：多样性设计可以确保新院区与周边融合，打造充满活力、形式多样的包容性社区。盖伦赛德院区改造项目通过可持续设计，希望为澳大利亚盖伦赛德地区做出一定的社会贡献。遵循相关的设计规范可以促进该目标的达成，这些规范包括：澳大利亚医疗机构指导方针（Aus HFG）；南澳政府居住体系；澳大利亚建筑规范（BCA）和残障歧视法令（DDA）；南澳医疗机构设计标准指导医院环境设计参数；交通规划和基础设施部门（DPTI）的信息公布政策及指南；交通规划和基础设施部门的生态可持续发展规划、设计及实习G44；国家和联邦环保局（EPA）雨水污染控制实践总规范；水敏性城市设计指导方针。

7. *艺术*：为改善治疗环境，医院设计必须包含艺术元素，但不应该仅仅局限于彩色玻璃、绘画、照片、壁画、雕塑、水景、顶棚等艺术装饰。公共区域的艺术元素可以让人得到感官和心理的放松，并得到更为丰富的体验（Belver & Ullan 2011；Cusack et al. 2010；Staricoff et al. 2003）。将艺术元素考虑在内，是设计一改枯燥无味而注重美感的体现，同时也增加了与他人互动的机会。

盖伦赛德院区项目在门前设计了一块类似画廊的预留区，可供绘画、雕塑以及具有当地重要历史意义的艺术品展出。同时，患者、工作人员和当地艺术家的作品均有可能在这里展览。这种设计极大增强了院区同当地社区的联系，并促进了双方的交流。

图 4.102　澳大利亚盖伦赛德院区改造——画廊。可供绘画、雕塑以及具有当地重要历史意义的艺术品展出。同时，患者、工作人员和当地艺术家的作品均有可能在这里展览。医疗机构的最高行政办公室及教育机构位于院区最西边的商业大楼内（资料来源：Swanbury Penglase Architects 2012）

图 4.103　澳大利亚盖伦赛德院区改造——可纵观花园全景的看台（资料来源：MAAP——英国医疗机构建筑2012）

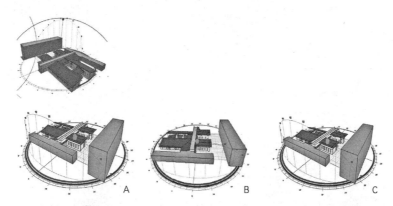

图 4.104　澳大利亚盖伦赛德院区改造——康复中心太阳能接收装置。康复中心代表着大部分医疗机构的建筑特点，康复中心的研究也为其他建筑的设计提供信息。日光模拟和分析显示，大多数建筑都可以接收阳光照射。模式A：冬天早上9:00，从太阳位置来观看；模式B：冬天下午12:30，从太阳位置来看；模式C：冬天下午的2:30，从太阳位置来看（资料来源：Cundall＋Swanbury Penglase Architects 2012）

图 4.105　澳大利亚盖伦赛德院区改造——公共空间的转换方式（3）。走廊和接待区对医院设计十分重要，因为可以增强与社区之间的联系（资料来源：Swanbury Penglase Architects 2012）

图 4.106 澳大利亚盖伦赛德院区改造——公共空间的转换方式（4）。走廊和接待区对医院设计十分重要，因为可以增强与社区之间的联系（资料来源：Swanbury Penglase Architects 2012）

图 4.107 澳大利亚盖伦赛德院区改造——主要通道旁绿树成荫，且为公众开放。以一种迎接的姿态，将医院与周边相连接。整齐的植物和路灯是设计的关键（资料来源：Cundall ＋ Swanbury Penglase Architects 2012）

图 4.108　澳大利亚盖伦赛德院区改造——海伦·梅奥之家（Helen Mayo House）。公共区域或"空间转移"，如走廊和接待区等对医院设计来说非常重要，因为他们增加了与社区之间的联系（资料来源：Swanbury Penglase Architects 2012）

　　政府为支持艺术元素与医院设计的融合，特意为盖伦赛德新院区提供了 25 万澳币的艺术品资金预算。其次，南澳大利亚艺术部也对盖伦赛德院区项目提供了 1.5 万澳币的种子资金，呼吁艺术家团队关注 Swanbury Penglase 建筑师事务所提出的"综合公共艺术简要"，特别是新型医疗机构的艺术设计。与此同时，南澳大利亚卫生部鼓励对心理健康或戒毒／戒酒感兴趣且愿意进行深入研究的艺术家团队积极加入。当前，入选的艺术家团队已出色地完成了项目开发阶段，并提出了三项符合项目特定要求的、可行性较高的艺术品展出办法，这些要求的基本原则是与新型医疗机构的治疗原则相符。这三种方法包括：（1）建筑内部和半公共庭院应有水景装饰；（2）建筑内部人流密集区应安装玻璃隔断；（3）大楼外部应安装雕塑防窥屏。为达到满意效果，南澳大利亚卫生部还特意委任一名官员与艺术家对接，随时跟进设计图纸，了解设计的预期展示。

　　8. *满足生态可持续发展，融合生态调节池、洼地和雨水花园*：众所周知，精神类医院的建造是对经济、社会、文化、生态多种因素平衡发展的极大挑战。因此，设计团队将重心放在可持续性使用和内部可持续改造两方面上，并使用澳大利亚绿色建筑委员会的星级评估系统进行评估。在"指导和方法"这一栏中，这种评估方法被称为"获取点数"，指的是在评估系统下，以最小的成本追求最高的分数，而不考虑对环境的影响。因此，盖伦赛德医院采取了其他的设计方法，这也是对这类评估方法的质疑和批判。

　　盖伦赛德院区改造项目在澳大利亚可持续设计和建造方面具有先锋性实践意义。可持续设计的目的是进一步提高能源利用率，减少碳排放，改善人们的生态观念：

　　● 改善室内环境，并致力于打造健康住宅。这要确保私人建筑的设计不会损害整体的可持续性发展；

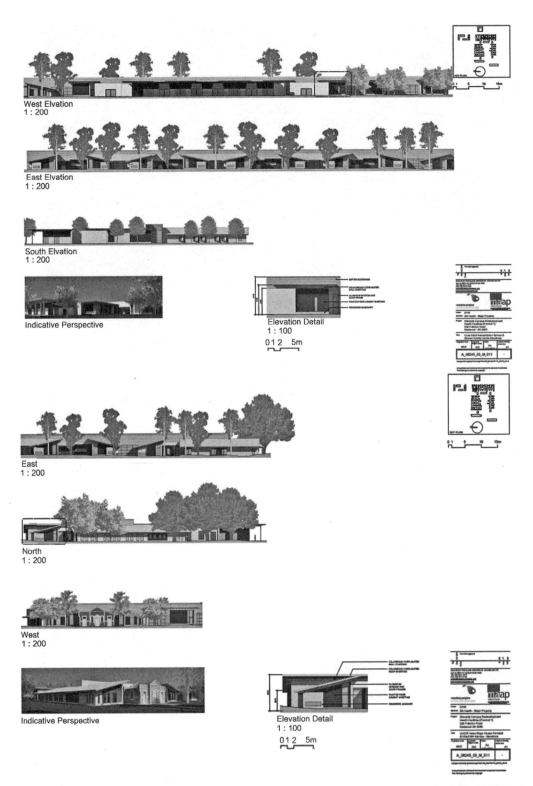

图 4.109　澳大利亚盖伦赛德院区改造——立面图（1）。为了克服社会偏见，消除对精神病院的误解，建造庭院式医院，允许患者和公众都可以到这里活动（资料来源：Swanbury Penglase Architects 2012）

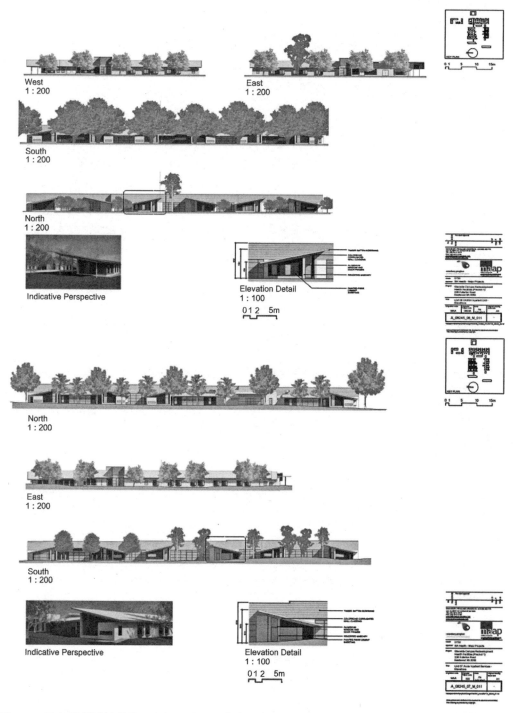

图4.110 澳大利亚盖伦赛德院区改造——立面图（2）。为了克服社会偏见，消除对精神病院的误解，建造庭院式医院，允许患者和公众都可以到这里活动（资料来源：Swanbury Penglase Architects 2012）

- 注重防旱的室外景观和城市设计。考虑到区域的降雨量，雨水的汇集能力等，以生物方式过滤污水，提升景观的美感，保护生物多样性；

- 提高能源利用效率；

- 减少碳排放；

- 通过在每间房间布置最低 10kVA 的太阳能电池阵列，实现可再生能源发电；

- 减少废弃物，回收和再利用建筑过程中的废弃物。促进建设和生产过程中水资源、矿产资源和废弃物的可持续利用；

- 保护生物的多样性，增强生态可持续发展的观念，创建多样的栖息地。

可持续设计的中心思想是以适应当地具体情况的实际绩效和解决方法为准，作为取得星级评估的另一种方式。这就意味着，即使分数高，也不一定与项目的最佳解决方案有关。

环境可持续设计（ESD）工作组是为此次可持续设计单独成立的工作小组，小组制定了可持续方案和具体可量化的目标，作为项目的统一评价标准。从 2008 年 9 月到 2010 年 9 月，小组先后召开了 9 次研讨会，制定了相关的方案和目标，并随着实践的深入不断修改和完善。小组一开始便制定了能源、水资源、日光和废弃物等关键因素的可量化目标，也在统一的管理框架下对方案和目标进行监管和评估（表 4.24）。

澳大利亚盖伦赛德院区再开发——环境可持续管理最低要求　　　　　　　　　表 4.24

管理要求在当前情况下具体提及并详细解读。真正目的是为 DTEI 提供简洁明了的数据明细，可通过查找当前合同的内容，获得依据

- 每月的设计进度都要报告给 IMT。最低的要求包含对可持续设计标准的确认，与环境可持续发展相符合的选址等。与环境可持续发展要求相符的选址应包括，但不限于以下几点：
  - 废弃物的转移；
  - 建筑废弃物的回收使用；
  - 随挖随填现象减少；
  - 新材料的使用；
  - 能源和水资源的利用；
  - 噪声的限制；
  - 污染（空气、土壤、水）的防治

- 出现纰漏时，提供正确的引导并采取行动

- 总体设计和文件填写，包括家具、固定装置和设备（FF&E）等相关资料的填写。所有设备、材料、产品和服务必须满足环境可持续发展

- 支持关于关键领域的服务模式和评估的同业互查。实际使用中能源、水资源和污染排放行为必须以关键领域和环境可持续设计规格为准则

- 召开安全会议。所有承包商必须签约，共同遵守可持续发展要求。定期汇报，召开工作会议和情况介绍会

- 全程进行资格认定，并保证所有系统正常运转

- 重视用户反馈，对系统进行必要的调整，确保工作进程

资料来源：Cundall ＋ Swanbury Penglase Architects 2012。

可持续设计的目标是将盖伦赛德医院建设成为城市可持续发展的先驱和榜样。院区充满活力的街道和绿色空间可以鼓励人们来此散步、健身。艺术元素增加了社区的活力，同

时辅助以其他措施，例如增强安保、提高市场化、拓宽社区网络、强化认同感和归属感、促进文化活动等，共同促进环境可持续发展，并为当地居民提供更好的生活质量。

为保证项目发展过程中区域之间最大化的交流与合作，促进可持续成果的共享，项目采用了综合策略和站点策略。共享方案进一步提高了能源的使用效率，减少了温室气体排放，并且提高了院区整体的生态观念。方案包括环境管理规划、材料/废弃物分摊、拆迁材料再利用、水资源回收、可再生能源发电、基础设施、网状共享、热力系统、公共交通、景观和照明等（表4.24）。

9. *用户及利益相关者参与的咨询过程*：循证设计的宗旨是通过严谨的程序对论据进行广泛的取证分析。在盖伦赛德项目中，与用户进行的一系列研讨会意义深刻。这能够确保设计过程和建造过程始终符合南澳大利亚乡村和阿德莱德东部区域的用户需求变化。与用户保持联系，可使设计人员及时发现问题、解决问题，尤其是在可再生能源、废弃物和水管理方面的问题，以此确保可持续发展预期目标的实现。

10. *使用后评估（POE）*：项目团队希望在已定的国际评估标准下，改进运营和医疗效果。使用后评估旨在提供有效证据，来证明建筑环境对用户心理健康、身体健康是有多少益处，并为未来公共医疗卫生服务的继续发展提供经验（表4.25）。

盖伦赛德院区获得了南澳大利亚州药物和酒精服务办公室（DASSA）的支持，但其中的关键是，盖伦赛德新院区的设施是否真正提高了医疗服务的质量和水平，是否进一步提高了院区与周边社区的协调性。能否在融合了最先进的医疗服务设施的盖伦赛德院区成功糅合多种土地利用形式，依然值得期待。为此，南澳大利亚州药物和酒精服务办公室为药物问题管理设定了战略性目标。

澳大利亚盖伦赛德院区改造——使用后评估（POE）旨在提供有效证据，来证明建筑环境对用户心理健康、身体健康是有多少益处，并为未来公共医疗卫生服务的继续发展提供经验教训　　表 4.25

使用后评估问卷调查（稿样）

1.0 受访者信息
  1.1 姓名
  1.2 职位
  1.3 当前职位从业年数
  1.4 工作年限（年，月）

2.0 规划过程
  2.1 您参与过机构的规划成设计吗？抑或涉及其中吗？如果参与过，那么您在其中是什么角色？
  2.2 您曾参加过任何研讨会或是用户组的成员吗？
  2.3 您还通过其他哪种方式参与其中吗？
  2.4 请评估以下规划过程的特点（很差—很棒）
    － 投入水平
    － 交流清晰度
    － 时间界限
    － 机构/单位整体设计标准
    － 您的整体的规划过程经验
  2.5 评论

使用后评估问卷调查（稿样）

3.0 团队学习

  3.1 请对以下成就和业绩标准（不满意 1 分—优异 5 分）及重要性标准（H= 高，M= 中等，L= 低）进行评估：

    －健康模式

    －获得社区服务

    －服务质量

    －公共设施和服务

    －为员工提供的安全感

    －非机构性的发展模式，对周边环境的影响

    －为长期住院的患者提供的康复景观

    －为用户提供的生活环境，以便：

    －提高场地的利用率

    －保证安全感、隐私性

    －提供应对天气变化的庭院措施

    －内部娱乐和治疗空间的延伸

    －提供能源效能最大化的设施

    －促进现代化心理健康中心的发展

    －价值互补

    －通道简介清晰，使行人更加便利

    －以人文本

资料来源：Swanbury Penglase Architects 2012。

使用后评估（POE）一旦启动将会经历两个项目阶段，最终期限截至 2014 年 3 月。当前，第一阶段试图通过问卷调查和研讨会的方式，为康复服务、共享活动和急诊服务收集和分析数据。第二阶段则是在六个月之后，依然通过问卷调查和研讨会的方式，为康复服务、共享活动和急诊服务收集和分析数据（图 4.107～图 4.109）。

4.2.4　盖伦赛德院区改造设计启示

项目的总体规划涉及 5 个方面，综合运用可持续设计和循证设计原则：

a. 安全的康复环境；

b. 重视自主性和融合性；

c. 高标准的景观设计；

d. 多样性；

e. 生态可持续。

盖伦赛德院区改造项目旨在为澳大利亚建立一个标准化的医疗健康机构。该机构遵循循证设计和可持续设计原则，因此获得了相应的国际认证。从该项目中所得到的重要经验就是严格管理建造过程以及评价体系。获得建筑环境评估认证（比如 Greenstar、BREEAM 医疗建筑体系、LEED 医疗建筑环境等）不是最终目的，实现建筑的可持续发展才是最终的目标所在。

盖伦赛德院区改造项目准确地认识到可持续设计的重要作用。可持续设计方案解决了 10 个重要问题——建筑形式、室内环境质量、能源、水资源、土地使用和生态保护、交通运输、排放物、材料使用、选址。而且，该项目也认识到，想要发挥建筑的最佳成效，需要项目团队贯穿全生命周期的有效反馈和运营。倘若缺少这一点，那么预期的目标便不可能实现。除此之外，对项目进行计算机模拟，其结果是基于历史数据和标准化预测的，因此就其本质来说只是预测性的。所以说，计算机模拟不应作为证据，而仅仅作为参考。

盖伦赛德院区改造项目重点在于解决心理疾病的难题，因此十分重要。在英国，1/4 的人都遭受着心理健康疾病的困扰。又因为心理疾病与身体的健康状况密不可分，所以那些有心理疾病的人更容易演变成长期疾病，如心血管疾病、癌症和糖尿病等。在经济发展受限、财政紧缩的特殊时期，心理健康问题显得尤其明显。

当今世界范围内，心理健康疾病获得了越来越多的关注，与心理疾病相关的社会问题也引起了大众注意。例如美国的研究报告中指出，心理状态失衡高发，包括创伤后精神失调、抑郁，以及在现役军人和退伍军人中出现的酒精使用失调症状等（Hoge et al. 2004）。

2009 年，英国国家健康服务中心在心理健康领域的资金投入为 1364 亿英镑；而在 1948 年国家健康服务中心成立之初，这方面的投入仅有 114 亿英镑（Office for National Statistics 2012）。卫生质量创新和防控部（QIPP）转型计划的目标是截至 2015 年心理健康领域的资金投入节省 200 亿英镑，如果成功则意味着建筑环境在帮助患者克服抑郁症、焦虑症或其他心理疾病中也可以发挥重要作用。对心理疾病患者的歧视会引起惊人的后果，会使大多数精神类疾病患者丧失平淡生活的能力和热情。注重心理健康策略的运用，是心理健康疾病预防、检测和康复治疗成功的关键因素。

4.2.5　国家心脏病治疗中心，新加坡（National Heart Centre，Singapore）

新加坡国家心脏病治疗中心是建筑师 Broadway Malyan 和合作伙伴 Ong & Ong 的获奖作品。对于其客户——新加坡卫生部来说，该中心是新加坡总体规划的一部分，旨在重新开发新加坡总医院，创建东南亚第一个以经济、社会和生态可持续发展为目标的绿色医院。

中心汇集了多位心脏病专科医生和专家，以此满足日益增长的、对高质量个性化护理的需求，为越来越多患有心脏衰竭、先天性心脏病、急性冠状动脉综合征和血管疾病的患者朋友进行治疗（图 4.111，图 4.112；表 4.26）。

以患者为中心的医院大楼，一到六层设计有手术室、门诊部、实验室、放射室和商店。中心还为医学研究、医学实验、人员培训和高等教育提供场所。图书馆和行政办公室在高层，七到十层是非治疗区域。

在新加坡国家心脏病治疗中心项目中，循证设计通过研究部门之间的关系，提供了一整套"康复花园"的设计方案。该方案认为，自然光、植被、自然景观、通风设备等，均有助于改善治疗效果。

图 4.111 新加坡国家心脏病治疗中心——地标建筑 3D 示意图和场地布局。底层开放的广场可供交流互动；半开放式空中花园可便于移动，可提供自然光，供中心工作人员和访客休息和交流（资料来源：**Broadway Malyan Singapore 2012**）

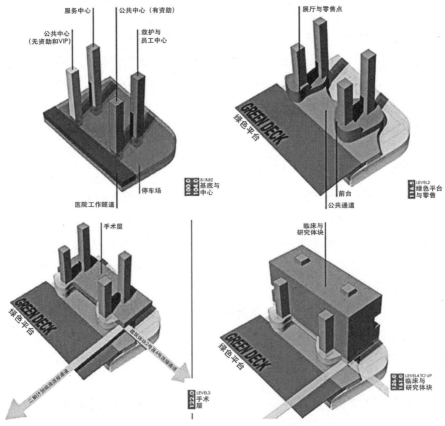

图 4.112 新加坡国家心脏病治疗中心——设计方法学。医院的运营布局在很大程度上取决于优化配置，实现患者、工作人员和访客的移动距离最小化（资料来源：**Broadway Malyan Singapore 2012**）

新加坡国家心脏病治疗中心（NHC）——信息一览表 表 4.26

项目类型： 世界级治疗中心：展示了心脏病学和国际临床实践的不断发展和变化	
项目组成： 以患者为中心的医院大楼，一到六层设计有手术室、门诊部、实验室、放射室和商店。中心还为医学研究、医学实验、人员培训和高等教育提供场所。图书馆和行政办公室在高层，七到十层是非治疗区域	
建设类型： 新建设	
面积： 35000m²；高度：38.12m	
成本： 7300 万英镑	
专业服务： 建筑、景观建筑、内饰	
项目团队： 开发商——Singapore Ministry of Health；建筑设计师——Broadway Malyan ＋ Ong & Ong Pte Ltd；医疗策划和顾问——Broadway Malyan；工料测量师——Davis Langdon 与 Seah Singapore Pte Ltd；结构工程师——Squire Mech. Pte Ltd	
循证设计原则： 涉及七个主要的方面：（1）"以人为本"理念——包括患者、医生和访客，重视用户的日常工作、生活、娱乐和康复；（2）开放区域是设计的核心内容，兼具患者康复和环境和谐的双重功能；（3）世界级医疗机构，创建东南亚第一个以经济、社会和生态可持续发展为目标的绿色医院；（4）通过开放的公共网络，为城市和社会提供连接点；（5）建筑结构灵活，能够适应医疗卫生技术的发展；（6）利用现代化的模块化方法，确保可持续发展的速度；（7）根据可持续发展理念，在东南亚地区建立相关绿色基准，为多学科发展提供基础	
可持续设计原则： 绿色评估总分 160 分，得 92.75 分（第一部分为能源效率，第二部分为水资源利用效率，第三部分为环境保护，第四部分为室内环境质量，第五部分为其他绿色特征）。能源可回收利用得分低，很可能是因为心脏病治疗中心处于城市中心，能源使用不可避免地受周围环境影响。但其最主要的特色是日光照射、能源效率和暖通设备，在评估中获得了满分 42 分。为东南亚地区医疗保健制定绿色标准，以经济、社会和生态可持续发展为目标，将治疗中心建设成为全球的优秀代表，是本项目的设计目标。建设过程采用了模块化管理，推进了项目进程。强调自然光和植被的治疗作用，利用自然光照射、自然通风、植被绿园的特点，推进治疗进程。设计理念源自修道院的"治疗庭园"；"医院"来自拉丁语"hospes"，源自中世纪拉丁语"hospitle"。空中花园从其社会层面来看，有助于推进康复进程；从物质角度来说，有助于减少建筑产生的碳影响。"绿色植被是碳排放的天然海绵，可过滤空气中有毒的污染物——这对于新加坡来说是非常重要的"	

资料来源：Broadway Malyan Singapore 2012。

1. *部门之间的工作关系，包括提高工作人员工作效率*：基于"以人为本"的理念，医院的运营布局很大程度取决于优化配置，实现患者、工作人员和访客的移动距离最小化。

工作人员的移动距离参考了 20 世纪 60 年代的传统医院设计方式。Pelletier 和 Thompson（1960）在耶鲁医院发现了包含 14 个路线的医院连接网络，这个网络覆盖了 91% 的护理单位，如护士站位置在效率最大化过程中发挥着重要作用。这就是耶鲁大学的"交通指数因子"（Yale University Traffic Index Factors）（图 4.112，图 4.113）。

新加坡国家心脏病治疗中心有着与众不同的社会化功能。它围绕着与中世纪治疗庭园相似的开放区域而建，而开放区域则是利用自然光照射、自然通风，以及植被绿园的特点，推进治疗的进程。绿色植被是碳排放的天然海绵，可过滤空气中有毒的污染物，减少经空气传播的疾病发病率。同时，绿色植物也可减少热岛效应，缓解因铺砌路面和园林建筑工程增加导致的噪声问题（图 4.114，图 4.115）。

内部空间最大化可明显增加人流量，为交际互动提供更多机会，并为零售业发展提供时机。购物疗法，即通过购物和逛街放松心情，是一种十分重要的临床治疗方法。研究表明，清晰明了的行走交通线路有助于用户快速获取路线和到达目的地。这不仅可以提高工作人员的工作效率，还可以缓解患者和员工的焦虑状态（Ottosson & Grahn 2005；Grahn & Stigsdotter 2003；Passini et al. 2000；Tennessen & Cimprich 1995；Cimprich 1993）。新加坡国家心脏病治疗中心为用户提供了良好的使用体验，并提高了用户的满意度。

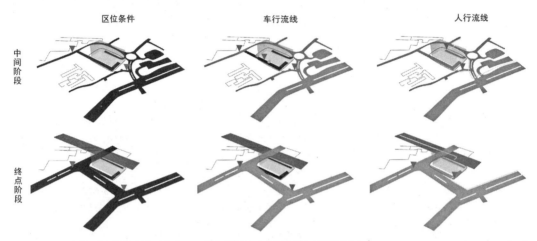

图 4.113　新加坡国家心脏病治疗中心——行车路线和人行道规划（资料来源：**Broadway Malyan Singapore 2012**）

图 4.114　新加坡国家心脏病治疗中心——康复花园。研究表明植被有辅助治疗的特质（资料来源：**Broadway Malyan Singapore 2012**）

2. *康复花园*：治疗中心设计的一个主要特点就是"康复花园"，旨在加强建筑使用者之间的联系，它可以促进患者、工作人员以及访客之间的互动。康复花园具有充足的自然光，且通风良好，有助于康复过程（Nordh et al. 2009；Van den Berg et al. 2007；Sherman et al. 2005；Varni et al. 2004；Taylor et al. 2001，2002；Beauchemin & Hays 1996；Kaplan & Kaplan 1989；Ulrich 1984）（图 4.114）。

3. *提高患者康复效果*：新加坡国家心脏病治疗中心作为世界级医疗保健机构，处在科技发展的前沿，其设计达到了较高的国际水平。这有助于为新加坡建立与诸如美国医疗保健中心和美国国际联合委员会代表的国际水准相当的评估标准：

- 中等时长的住院时间是 3 天，而国际标准通常是 9 天；
- 出院后 30 天内再住院的比例为 12.4%，而国际标准通常为 22%；
- 住院患者死亡率为 0.93%，而国际标准通常为 6.7%；
- 30 日之内死亡率为 3.4%，而国际标准通常为 11.1%。

图 4.115　新加坡国家心脏病治疗中心——空中花园。从其社会层面来看，有助于推进康复进程；从物质角度来说，有助于减少建筑产生的碳影响（资料来源：**Broadway Malyan Singapore 2012**）

新加坡国家心脏病治疗中心于 2012 年 2 月 14 日完成了亚洲第一例为磨损心脏膜的高危病人进行的心尖经导管二尖瓣膜支架手术。这次手术由多学科手术团队在 Soon Jia Lin 博士的领导下进行，并得到胸外科手术部的支持。这表明中心已经投入使用，并且发挥作用。2007 年，该类手术首次在澳大利亚实施，要在患者的胸腔上切一道 6～8 厘米长的切口，并通过导管将瓣膜插入其中。瓣膜里气囊鼓起以使瓣膜膨胀，心瓣膜会粘在旧瓣膜上，以此来堵住瓣膜渗漏。此种方法侵入心脏的程度最小，与传统心脏手术相比更安全。因为传统心脏手术中必须打开患者的胸腔，并且在长时间的手术过程中，需要心脏暂时停止跳动，然后再进行瓣膜替换，这样一来风险就会明显增加。研究表明，如果患者的胸腔要进行三次手术，那么住院时间将会延长。而新型手术的死亡率只有 13.4%，比传统手术的 27.8% 要低很多。2005 年第一例接受新型开胸手术的患者，5 天之后便可自行行走，一星期之内便可出院，出院 11 天康复良好，且没有影响到原有的生活质量。

4. *自然光*：充分了解自然光和植被对患者康复的影响之后，中心设计理念源自修道院的"治疗庭园"，而"医院"（hospital）一词正是从传统修道院而来。

治疗中心有两个极有特色的建筑立面。一面是专业化的正门，这里接待患者，直接展示出世界级医疗中心的形象；另一面经由露天广场到达。这一立面有另外一个侧门，装饰更为自然，使用了天然未抛光的石头和部分的绿色植物，共同镶嵌在外墙之上。新加坡国家心脏病治疗中心的建筑立面设计的初衷，是最大化展示医院的公共区域，服务于"治疗庭院"的重要功能（图 4.116～图 4.118）。

图 4.116　新加坡国家心脏病治疗中心——医院两个独特的立面：具有动感的立面突出了公共区域，而裸露的立面则展示了花园的内部（资料来源：Broadway Malyan Singapore 2012）

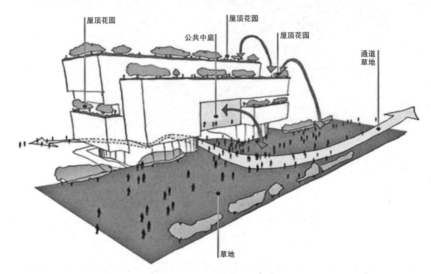

图 4.117　新加坡国家心脏病治疗中心——草图（资料来源：Broadway Malyan Singapore 2012）

图 4.118　新加坡国家心脏病治疗中心——动感不强的立面（资料来源：Broadway Malyan Singapore 2012）

5. *提高患者、家属和工作人员的满意度*：设计人员试图创造一个可循环的、包容开放的空间环境，在患者和家属来到医院之后，可以通过宽敞明亮的走廊进入楼体。患者可以方便快捷地找到目的地，并且在接诊大厅中有零售商店和咖啡馆，这些都可以极大提高患者、家属和工作人员的满意度（图 4.119，图 4.120，图 4.134～图 4.136）。

中心设计有大面积的走廊通道，力图创造更多的通行空间，不仅为用户提供随处可见的售卖机，也有利于提高工作人员的工作效率。

考虑到在保证建设质量的前提下，尽快推动项目进程，需要采用现代化模块式建筑方法。目的是在当前实际情况下，运用绿色健康理念，并且富有创造性的设计方法，尽快推进医院建设。

图 4.119　新加坡国家心脏病治疗中心——接待区
（资料来源：Broadway Malyan Singapore 2012）

图 4.120　新加坡国家心脏病治疗中心——候诊区
（资料来源：Broadway Malyan Singapore 2012）

6. *宽敞的高科技手术室*：尽管门诊有时候即可解决一部分不复杂的手术，但医学的未来趋势依旧是需要越来越多的手术室，以处理更复杂的手术。无菌技术对现代化的手术室来说非常重要，对手术的成功也至关重要（Clemons 2000）。因此，手术室的设计必须根据手术的需求变化和操作实践做出改变（Esses-Lopresti 1999）。

随着腹腔镜和微创手术的发展，治疗中心的功能也在发生变化。以前需要在手术室里进行的医疗检查，如内镜检查，现在已经实现了在专家科室里即可操作；血管成形术和支架植入术也被安排在放射科进行（Esses-Lopresti 1999）。由于医疗设备的体积和数量改变，手术室面积也越来越大；从 CT 或核磁共振、手术机器人到复杂无菌内窥镜，从设备灯、调距、水泵、电动剃须刀、吸入器到电外科学设备，都是手术室的常用设备（图 4.121～图 4.124）。

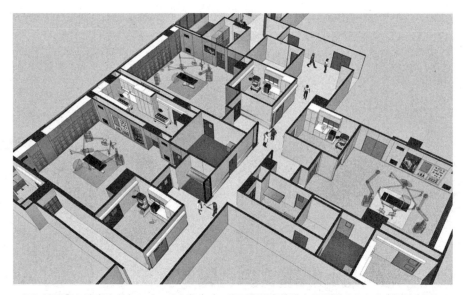

图 4.121　新加坡国家心脏病治疗中心——手术室（1）。将医学技术的进步体现在手术室中（资料来源：Broadway Malyan Singapore 2012）

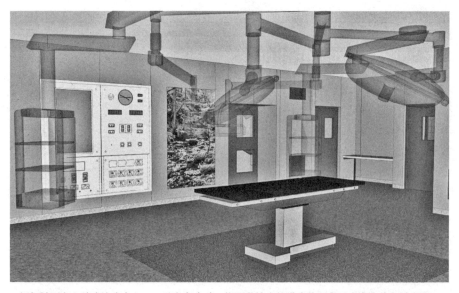

图 4.122　新加坡国家心脏病治疗中心——手术室（2）。将医学技术的进步体现在手术室中（资料来源：Broadway Malyan Singapore 2012）

无影灯 3D 模型工具"Berchtold By Design"

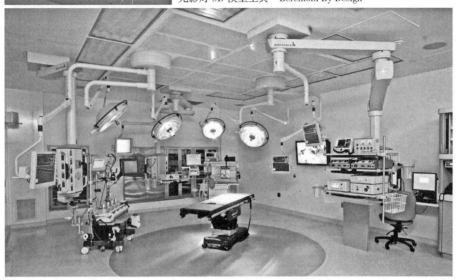

图 4.123 新加坡国家心脏病治疗中心——手术室（3）。将医学技术的进步体现在手术室中。这种方式给予员工支持并改善患者的康复过程，对于任何新的解决方法来说，这是非常关键的设计。新方法应包含摄像机的无缝连接、视频转换、试听基本设施、媒介存储和高分辨率视频会议（资料来源：**Broadway Malyan Singapore 2012**）

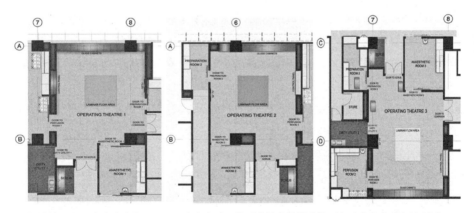

图 4.124 新加坡国家心脏病治疗中心——手术室（4）。将医学技术的进步体现在手术室中（资料来源：**Broadway Malyan Singapore 2012**）

　　Baillie（2012）报告显示，微创手术的技术发展要求建立单独的腹腔镜手术室，室内功能应该包括以下方面：

　　● 设备的安装方案：所有内窥镜手术设备需远离地面，不使用线缆，并环绕着手术台排列；

- 高分辨率摄像机：可通过内窥镜手术摄像机将清晰的图像传到外科手术监控器上；

- 支架式高分辨率手术监视器：安装在无菌区周围，可实现效率最大化；

- 即使停电，专用手术监视屏幕仍可运行；另有辅助监视器共同工作；

- 手术照片将传输到其他地方，用于教学研究（包括专业发展课程、医学演讲和知识共享）、操作技巧的实践和培训、远程监控、医学记录获取及档案存储；

- 可提供静态图像采集、视频记录、报告撰写、报告编辑、图片和视频，允许注册用户了解手术过程。例如，食管癌侧卧式腹腔镜和胸廓式食管切除术这一开创性的手术，可以传输给 600 名参加高等论坛的外科医生；

- 可与医院网络和学校网络连接；

- 房间灯光可调节，并且符合医疗技术备忘录（HTM）里的噪声水平（控制在 NR45 以下）；

- 手术过程中，可以播放轻音乐。

国家心脏病治疗中心的手术室十分宽敞，可容纳越来越多的专业设备和监视器，并且设备周围有足够的医生工作空间。为了保证外科手术团队的工作效率，医疗工具和设备必须接近手术台，保证医生伸手可得。除了这些"伸手可得"范围内的设备，其他设备必须远离手术台，并且方便移动。然而，仅仅将设备放在手术架上也有其缺陷。手术中需求设备增多，并且都要靠近手术台，这就不可避免地占用了一部分医生的工作空间，导致手术台周围空间利用率低（图 4.121～图 4.124）。

国家心脏病治疗中心的手术室是智能化的，安装有顶置式的吊挂设备和悬垂设备，以辅助外科手术和麻醉。还有其他专业设备及监视器优化作业区，满足手术室进行外科手术和内科手术的需求。患者只需要在同一手术台上接受检查和手术，这不仅减少了移动，而且提高了手术效率和成功率。例如，在脑部手术中，医生可以直接通过手术过程中所拍摄的详细图像，对患者进行检查，确定手术方案。优化手术台周围的工作区，保证手术需求的灯光亮度和良好的通风条件，打造安全舒适的工作环境，减少感染的风险。

除此之外，中心的设计团队还根据以往的经验对手术室进行了 3D 模拟（如 "Berchtold by Design" 3D 建模工具），确保手术需求得到满足，达到预期效果（图 4.125）。

7. 充分的灵活性，以及适应未来的能力：为了使医院满足未来医疗的发展需求，为越来越多的患者提供医疗服务，医院的灵活性需要融合模块化和标准化设计（Carthey et al. 2011）。急诊室患者过多会直接影响患者住院时间、治疗效果、救护车使用等，甚至影响急救系统的整体信用度（Trzeciak & Rivers 2003）。研究指出，美国急诊室的病床使用候诊时间为平均 3 小时，而因特殊事件造成的急诊拥堵会导致这一平均时间上升到 5.8 小时（McCarthy 2011；Trzeciak & Rivers 2003）。因此，急诊室必须重新规划，以便更有效地为患者服务。急诊室运行效率低会导致患者的死亡率和重复就医率增高。

国家心脏病治疗中心项目中，建筑设计包括平行化和垂直化两个方向的空间拓展。为扩展空间，加强了地板、顶棚、柱子等支撑结构；设置了壳体空间和附加空间等灵活的模块，以供容纳置顶式血管造影设备和空气处理机组；改造了旧设备，选用了适应性更强的新设备。除此之外，还包括一定的可改造空间，满足之后更多的空间需求（图4.125，图4.126，图4.133）。

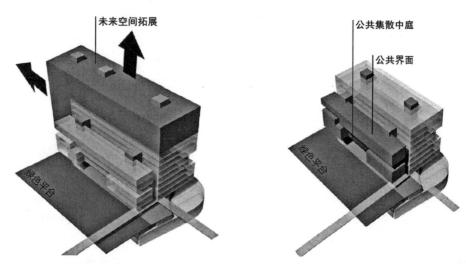

图4.125　新加坡国家心脏病治疗中心——建筑设计包括平行化和垂直化两个方向的空间拓展。为扩展空间，加强了地板、顶棚、柱子等支撑结构；设置了壳体空间和附加空间等灵活的模块，以供容纳置顶式血管造影设备和空气处理机组；改造了旧设备，选用了适应性更强的新设备。除此之外，还包括一定的可改造空间，供满足之后更多的空间需求（资料来源：**Broadway Malyan Singapore 2012**）

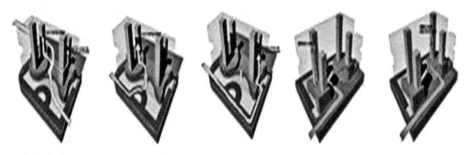

图4.126　新加坡国家心脏病治疗中心——模型（资料来源：**Broadway Malyan Singapore 2012**）

8. *适应医疗需求的不断变化：*医疗技术在心脏病的早期诊断、检测、预防和治疗方面发挥着至关重要的作用，特别是核磁共振设备、电脑断层扫描机、通风机、生命维持系统、注射器泵、血糖检测包等。医疗机构必须不断地更新，以满足新技术的发展和患者的治疗需求。可调节的医疗设备要求较高，包括能源的使用、特殊的电路系统、不同的医疗气体存储、数据和视频交流、设备售后服务等方面。而且医疗设备必须满足健康卫生的要求，比如核磁共振要求房间的顶棚高度在2.74米（9英尺）到3.66米（12英尺），且每小时空气流动率在20～25次（Memarzaden & Jiang 2004）。医疗设备的运行对能源使用要求较高，因此设备的使用对可持续发展能力具有重要影响

技术的进步使得手术和微创手术迅速发展，这在很大程度上减少了患者的住院天数，

降低了住院率，缩短了康复时间，从而提高了患者的生活质量，延长了平均寿命。微创技术的发展代表着自无菌技术和安全麻醉技术应用以来，在手术技术上的重要变革（Jaffray 2005）。具体来说，整个心血管系统更适合使用微创技术进行治疗，同时利用图像技术如电子束断层扫描进行辅助治疗。微创技术还可以减少手术感染的风险，并且降低成本。

作为国家可持续战略的一部分，心脏病治疗中心拥有世界上最先进的技术。中心会随着经济和社会的变化而面临持续的挑战，因此需要技术不断创新，包括移动无线工具、高速网络、人体模型、交互式电视、远程教学系统等。这就不可避免地对医疗设备提出了更高的要求，例如植入仪器、监测设施等。

9. *可持续设计*：可持续设计对高度城市化国家的医院来说尤为重要。城市化水平高的国家只有很少面积的原始森林，且建筑环境也为满足高密度居住人口的生活质量而服务。

作为国家战略的一部分，可持续设计限制了城市向郊区的扩张，通过改善土地利用和整合交通规划改变了空间发展和土地管理。通过评估建筑物的覆盖范围，确保建筑群不会为环境造成过多的负担。城市建筑是导致城市气候变化的重要因素，也是可持续设计的重要研究领域（图 4.127，图 4.128）。

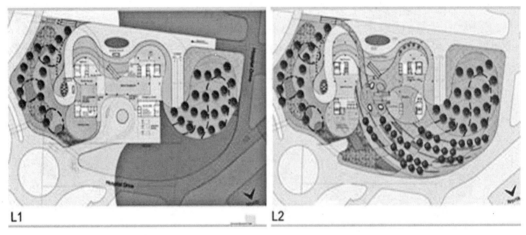

图 4.127　新加坡国家心脏病治疗中心——公园景观（资料来源：Broadway Malyan Singapore 2012）

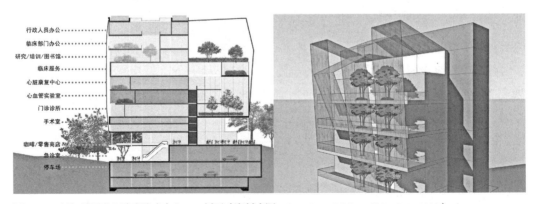

图 4.128　新加坡国家心脏病治疗中心——剖面（资料来源：Broadway Malyan Singapore 2012）

　　新加坡国家心脏病治疗中心的可持续发展目标是减少二氧化碳排放，优化自然光照射，改善自然通风状况，降低能源消耗。因此，选择了两个视觉感强烈且有特色的建筑立面。建筑立面使用了不同的材料和元素，以便充分利用大楼的朝向（图4.118）。在这种设计基础之上，也选择了特定的材料、颜色和纹理来表现建筑特点，以改善建筑带来的感官享受。

　　新加坡国家心脏病治疗中心在建筑结构和空调系统方面达到了满分42分，这样在一定程度上弥补了在可再生能源项目上得分低的情况（图4.125，图4.131~图4.133；表4.27）。以上所有项目均会对建设阶段，以及使用后阶段的能源使用和运行成本造成影响。达到绿色建筑评估的"铂金奖"需要满足以下要求：

　　（1）能源利用率：每年节省能源650万kWh，比普通建筑节省30%，每年节省130万美元；

　　（2）水资源利用率：每年节水12000m³（相当于5个奥林匹克游泳池的储水量），比普通建筑减少55%；

　　（3）环境保护：每年减少3000吨二氧化碳排放（相当于525辆小车的每年的二氧化碳排放总量）。

　　新加坡国家心脏病治疗中心已经申请英国BREEAM医疗建筑体系，目标是"优秀"等级（＞70%）。这意味着，治疗中心要在管理、健康和舒适、能源、土地使用等范畴内获得较高的得分。

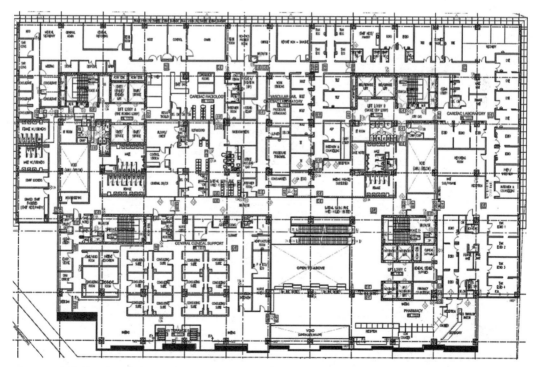

图4.129　新加坡国家心脏病治疗中心——五层平面图。含有私人诊室和候诊区（资料来源：**Broadway Malyan Singapore 2012**）

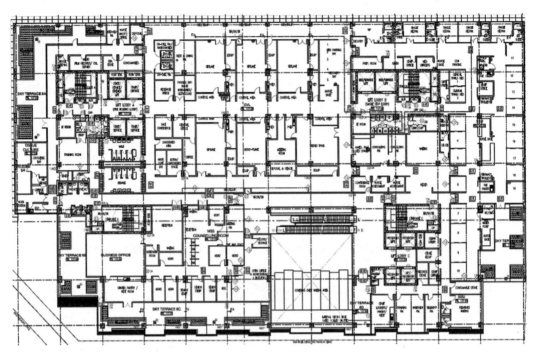

图 4.130　新加坡国家心脏病治疗中心——六层平面图。含有实验室、住院部以及空中花园（资料来源：**Broadway Malyan Singapore 2012**）

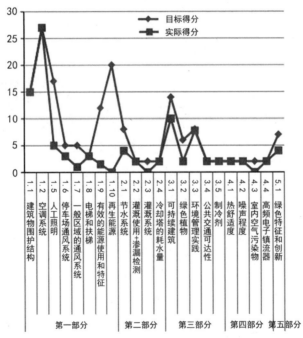

图 4.131　新加坡国家心脏病治疗中心——绿色评估得分 **92.75** 分，铂金级总分 **160** 分（第一部分：能源效率；第二部分：水资源利用效率；第三部分：环境保护；第四部分：室内环境质量；第五部分：其他绿色环保特色）。医疗中心可再生能源得分低，主要原因是其位于城市中心，且可再生能源供应量少（资料来源：**Broadway Malyan Singapore 2012**）

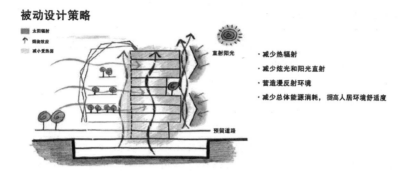

图 4.132　新加坡国家心脏病治疗中心——被动设计策略（资料来源：Broadway Malyan Singapore 2012）

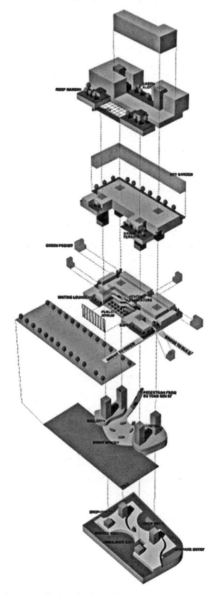

图 4.133　新加坡国家心脏病治疗中心——设计理念（资料来源：Broadway Malyan Singapore 2012）

新加坡国家心脏病治疗中心——绿色评估方案　　　　　　　　　　　　　　　　　　表 4.27

分类	描述及得分	目标／实际得分
第一部分：能源使用效率 建筑区域配有空调系统（配有空调系统的区域总面积＞500m²）； 目标得分：可得分＝70，实际得分＝50	1.1　建筑物结构—ETTV：增强热力效益，使建筑外围吸热最少，减少总体的冷却需求。 基准：ETTV 最大量＝50W/m²；必备条件：铂金级别＜40W/m² ——基准线内 ETTV 每降低 1W/m² 可得 2 分（总分 15 分）； ——当 ETTV≤50W/m² 时，奖励得分＝100－2	目标得分＝15，实际得分＝在两种情况下分数最高是 15 分
	1.2　空调系统：优先使用节能空调。空调系统包括（a）1.空调装置（冷却装置、冷冻水泵、冷凝水泵和冷却塔）。（a）2.空气分配系统（空气处理机组和风机盘管）。 基准线：SS 530 和 SS CP 13 关于空调系统的最低效率要求。必备条件：铂金级＜0.65 kW/t（小于 0.65 kW/t 要使成本递增 20 万美元）。 ——1000ppm 低效率的冷却装置、冷冻水泵、冷凝水泵，每提高一个百分点会得到 1.45 分（总分为 20 分）； ——奖励得分＝1.45×（% 提高量） 注 1：对于使用区域空调系统来说，可以暂不考虑能源效益。分数由项目（a）1.空气分配系统或者；	（a）1.目标得分＝20，实际得分＝在两种情况下分数最高是 20 分； （a）2.目标得分＝5 分，在两种情况下实际分数达到最高
	（b）整体式空气调节器／冷凝装置的效率按比率计算得来。 ——所有整体式空气调节器／冷凝装置效率每提高一个百分点便会获得 1.5 分； ——奖励得分＝1.5×（% 提高量） 注 2：同时使用中央空调和整体空气调节器时，奖励分数只需考虑大功率系统	目标得分＝25，实际得分＝0
	（c）使用传感器和其他自动装置管理空气流通，维持二氧化碳浓度在 1000ppm 以下	目标得分＝2，实际得分＝2
	1.5　人工照明：优先使用节能照明，减少灯光的能源消耗。 基准线：SS 530 中照明功率最大预算。除手术室照明，尽量不使用卤素灯具。 ——照明功率预算每提高一个百分点就得 0.5 分； ——奖励得分＝0.5×（% 提高量）	目标得分（包括租户照明供给）＝12，实际得分＝5； 目标得分（不包括租户照明供给）＝5，实际得分＝0
	1.6　停车场通风：鼓励节能设计，控制停车场的通风系统。得分是由机械通风装置决定的。 （a）自然通风的停车场：得分 5 分； （b）使用了一氧化碳传感器控制机械通风（MV）。 ——烟气提取物的奖励得分：4 分； ——机械通风的奖励得分：3 分 注 4：对于采用不同通风模式的停车场，按照相应的比例得分	目标得分＝5，实际得分＝3
	1.7　公共区域通风：包括以下区域：（a）厕所、（b）楼梯、（c）走廊、（d）电梯间、（e）大厅。通风覆盖范围：每个应用区域至少要达到 90%。 ——得分由通风模式决定。每个达到自然通风的区域得 1.5 分，每个采用机械通风的区域得 0.5 分	目标得分＝5，实际得分＝1
	1.8　电梯和扶梯：鼓励使用节能电梯和扶梯。覆盖范围：所有电梯和扶梯。 （a）有以下节能特征的电梯：（1）交流电可变电压和可变频率（VVVF）；（2）具备休眠模式； （b）具备运动传感器等节能特征	（a）目标得分＝1，实际得分＝1； （a）1.目标得分＝1，实际得分＝1； （b）目标分数＝1，实际得分＝1

续表

分类	描述及得分	目标／实际得分
第一部分：能源使用效率 建筑区域配有空调系统（配有空调系统的区域总面积＞500m²）； 目标得分：可得分＝70，实际得分＝50	1.9 节能特征：重视节能，减少能源消耗。 （a）分数由能源消耗获得，以能源效率指数（EEI）作为形式，从能源建模方面来计算； （b）能源的利用，如热回收系统、热能传感器、地下室通风机和太阳能管等。 ——建筑能源总消耗每节省1%的能源得3分 铂金级要求包括如下方面：（1）工作区有的热回收装备；（2）有日光传感器；（3）热能传感器（楼梯中层、厕所、商店、会议室）；（4）地下室的无管风机；（5）建模图形	（a）目标得分＝1，实际得分＝1； （b）目标得分＝11，实际得分＝0.5
	1.10 可再生资源：鼓励使用可再生能源。 ——（额外得分）可再生能源每替换1%的电能（包括用户使用电量），得5分；每替换1%电能，得3分	目标得分＝20，实际得分＝0
第二部分：水资源利用率 目标得分＝14，实际得分＝8	2.1 节水装置：鼓励节水装置的使用——"好"得分＝4；"非常好"＝6；"卓越"＝8。节水建筑（WEB）对淋浴水龙头、淋浴盆和水槽的评估达到了"非常好"的标准；厕所没有评级但目标得分为4.5分；对小便池的建议是"非常好"的标准。医疗水装置排除在列表之外。 ——得分多少是根据节水设备的数量和设备进行评定的	目标得分＝8，实际得分＝4
	2.2 水资源利用和渗漏检测：鼓励渗漏检测系统的使用，以更好地控制和检测水资源利用。 （a）分析水资源利用数据，包括灌溉、冷却塔和用户使用； （b）上传数据，与渗漏检测系统（BMS）相连	（a）目标得分＝1，实际得分＝1； （b）目标得分＝1，实际得分＝1
	2.3 灌溉系统：采用合适的雨水回收系统，利用的回收水来灌溉自然景观，减少饮用水的消耗。 （a）使用非饮用水（如雨水）灌溉自然景观； （b）使用节水灌溉系统。覆盖范围：至少50%的景观由该系统灌溉	（a）目标得分＝1，实际得分＝0； （b）目标得分＝1，实际得分＝0
	2.4 冷却塔用水量：减少用来冷却的饮用水使用。 （a）使用冷却水处理系统，甚至可以达到水资源回收利用六次（目标是7次或更多）； （b）使用安全的自来水或回收水（基于M&E数据）	（a）目标得分＝1，实际得分＝0； （b）目标得分＝1，实际得分＝0
第三部分：环境保护 目标得分＝14，实际得分＝8	3.1 可持续建设：鼓励环境友好型的可持续设计、实践和材料使用。 （a）鼓励建筑选用环保的混凝土。混凝土使用指数（CUI）每减少一个百分点，得0.1分； （b）建筑元素或建筑围护结构要适合现存的建筑结构：要保留至少50%的现存建筑元素或围护结构（按区域来计算）（不可能完成的）； （c）在建设过程中使用绿色材料，例如，1.新加坡绿色标志方案认证的环境友好型产品；2.就重量和数量而言，可回收利用率要在30%以上。 注5：对于新加坡绿色标志方案认证的产品，以及回收率在30%以上的产品，只能从项目（c）1和项目（c）2中获得分数	（a）目标得分＝4，实际得分＝2； （b）目标得分＝2，实际得分＝0； （c）目标得分＝4，实际得分＝4
	3.2 绿色植物：选择更多的绿色植物，利用绿色植被减少热岛效应。 （a）通过考虑以下绿色区域指数（GAI）来估计绿色植被覆盖率（GnP）。草GAI：1，灌木GAI：3，棕榈树GAI：4，树GAI：6（GnP＝0.5～＜1，1分；GnP＝1～1.5，2分，GnP＝1.5～＜3，3分，GnP≥3，4分）； （b）植物的恢复、树木的保护和迁移； （c）园艺废弃物回收后的综合利用（景观包含在投标文件中）	（a）目标得分＝4，实际得分＝1； （b）目标得分＝1，实际得分＝0； （c）目标得分＝1，实际得分＝1

分类	描述及得分	目标/实际得分
第三部分：环境保护 目标得分=14， 实际得分=8	3.3 环境管理实践：在建设和运行过程中鼓励采用环境友好型设施。 （a）包括环境监测、能源利用、水资源利用和建筑废弃物等方面； （b）在建筑质量评估体系（CONQUAS）下对建筑质量进行评估； （c）开发商、建筑商、顾问和建筑师要经过 ISO 14000 认证（每个公司得 0.25 分）； （d）项目团队包括绿色认证（GMM）和一个绿色标志专业认证（GMP）； （e）提供建筑使用说明，包括建筑内环境友好型设施的使用细节，及达到的预期效果（GMW 得 1 分，GMP 得 2 分）； （f）提供回收箱来收集和储存不同的垃圾，如纸、玻璃和塑料	（a）目标得分=1，实际得分=1； （b）目标得分=1，实际得分=1； （c）目标得分=1，实际得分=0.75； （d）目标得分=3，实际得分=3； （e）目标得分=1，实际得分=1
	3.4 与公共交通的距离：提倡公共交通和自行车的使用，减少私家车使用带来的污染，包括以下方面： （a）附近有地铁、轻轨（MRT/LRT）或公交站； （b）足够的自行车停车场（提供 15～20 个自行车停车场）	（a）目标得分=1，实际得分=1； （b）目标得分=1，实际得分=1
	3.5 制冷剂：减少因释放消耗臭氧和温室气体而对臭氧层的危害，减缓全球变暖的速度。 （a）制冷剂中的臭氧消耗物（OPD）为零，全球变暖潜力（GWP）要少于 100（好的和普通的设计）； （b）在含有制冷剂和其他制冷设备的关键区域要采用渗漏检测系统	（a）目标得分=1，实际得分=1； （b）目标得分=1，实际得分=1
第四部分：室内环境质量种类得分 目标得分=8， 实际得分=7	4.1 舒适度：空调会随着环境的改变自动运行，确保室内舒适度，保持室内温度在 22.5℃～25.5℃，相对湿度<70%，得 2 分	目标得分=2，实际得分=2
	4.2 噪声水平：根据 SS CP 13 中的建议，减少空间内的噪声污染，得 2 分	目标得分=2，实际得分=2
	4.3 室内空气污染物：室内空气污染最小化，保证健康的室内环境。 （a）使用新加坡绿色标志方案（SGLS）认证的低挥发性有机化合物（VOC）（良好室内空气质量建议——附加 74000 美元）； （b）使用新加坡绿色标签计划 SGLS 认证的黏合剂来制造复合木材产品：要求要覆盖至少 90% 的复合木产品。建筑项目中规定黏合剂使用，减少室内污染（附加 20500 美元）	（a）目标得分=1，实际得分=1； （b）目标得分=1，实际得分=0
	4.4 高频镇流器：鼓励使用高频镇流器，避免日光灯的低频闪烁，提高灯光照明质量。至少覆盖 90% 的区域	目标得分=2，实际得分=2
第五部分：其他绿色特征 目标得分=7， 实际得分=4	5.1 绿色特征：鼓励其他创新性绿色要素的使用。比如，真空垃圾收集系统，雨水采集系统，双槽系统，自洁外墙，综合雨水保留/处理系统等。影响大的项目得 2 分，中等程度影响得 1 分，影响最低得 0.5 分。建筑中使用膜滤法来收集雨水，得 2 分；空气处理机组使用紫外线发射器，得 0.5 分；热平衡检测设备——确保获得可靠的 BMS 数据。为电动汽车设置充电设施，得 1 分（附加 11000 美元）；提供停车指导系统，得 0.5 分（附加 20 万美元）。选择项目：堆肥回收箱，得 0.5 分。以及其他	目标得分=7，实际得分=4
绿色标志方案总分 金级 85～<90， 铂金级>90		总分 160 分，得 92.75 分

资料来源：Broadway Malyan Singapore 2012。

4.2.6　国家心脏病治疗中心设计启示

新加坡国家心脏病治疗中心的设计宗旨是为患者康复和环境效益双重目标服务。同时，通过开放的设计和定位，为新加坡城市结构提供更加广阔的服务功能。这一理念通过以下7项标准进行实现：

（1）"以人为本"理念——包括患者、医生和访客，重视用户的日常工作、生活、娱乐和康复；

（2）开放区域是设计的核心内容，兼具患者康复和环境和谐的双重功能；

（3）世界级医疗机构，创建东南亚第一个以经济、社会和生态可持续发展为目标的绿色医院；

（4）通过开放的公共网络，为城市和社会提供连接点；

（5）建筑结构灵活，能够适应医疗卫生技术的发展；

（6）利用现代化的模块化方法，确保可持续发展的速度；

（7）根据可持续发展理念，在东南亚地区建立相关绿色基准，为多学科发展提供基础。

充分利用创新的设计方法和实践应用来提高医院的性能，是国家心脏病治疗中心成功的基石。随着社会的发展和居民生活水平的提高，要求医院必须满足社会对专业化医疗服务的需求。心脏病治疗中心可以为饱受心脏疾病困扰的患者提供专业的诊断和治疗。

在建筑设计和管理过程中利用现代化的标准化方法，可以保证可持续发展的速度。"标准化"本身并不是万金油，然而它在建筑、运营和维护过程中却可以发挥巨大作用。另外，标准化运营可以在某种程度上减少管理中的变化，节省了预算和成本，实现更好的投入产出比，并推动建设速度。这样一来，标准化管理在前期建设和后期维护中，可以有效减少干扰，提高运营效率（图4.129，图4.130，图4.137~图4.140）。

医院的"空中花园"从其社会层面来看，有助于推进康复进程；从物质角度来说，有助于减少建筑产生的碳影响。"绿色植被是碳排放的天然海绵，可过滤空气中有毒的污染物——这对于新加坡来说是非常重要的。"

作为国家级心脏病治疗中心，应该有能力应对不断变化的医疗服务需求，并紧跟科技发展前沿，学习和使用世界上最先进的医疗技术和设备。就患者而言，他们希望在接受手术之后，花费最少的住院时间，尽快恢复正常的生活。先进医疗设备的应用可以有效转变医疗服务的模式，实现患者的愿望。腹腔镜手术和内窥镜手术已经发展得十分成熟了，并且随着医疗服务范围的不断扩大，容纳患者的能力也得到了增强，因此需要不断完善手术室的技术装备。

多功能手术室可以容纳腹腔镜手术、内窥镜手术和传统的开腹手术同时进行，这就对手术室的灵活性操作提出了较高要求。X光设备、核磁共振设备和CT扫描机等医疗器械输出的数据是医院数据库的一部分。数据库中的数据可以较为快捷地传输到手术室，供医生参考，实现了医疗设备和手术室的无缝对接，有效提高了工作效率。与此同时，手术室还需要开阔的视野和工作区间、一定的安全控制机制、先进的操作台和高分辨率屏幕等，共同保证手术的顺利进行（图4.129，图4.130，图4.137～图4.140）。

图 4.134　新加坡国家心脏病治疗中心——候诊区（资料来源：**Broadway Malyan Singapore 2012**）

图 4.135　新加坡国家心脏病治疗中心——候诊区和走廊（资料来源：**Broadway Malyan Singapore 2012**）

图 4.136　新加坡国家心脏病治疗中心——信息咨询台和候诊区（资料来源：**Broadway Malyan Singapore 2012**）

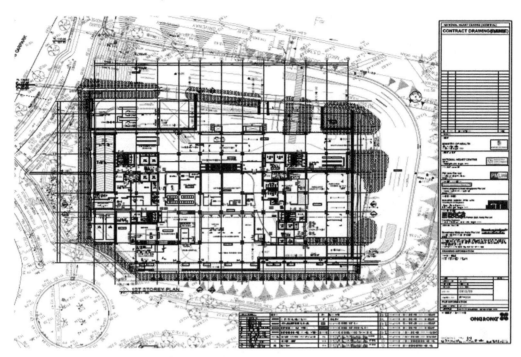

图 4.137 新加坡国家心脏病治疗中心——一层平面图：VIP 通道、交通示意图（资料来源：Broadway Malyan Singapore 2012）

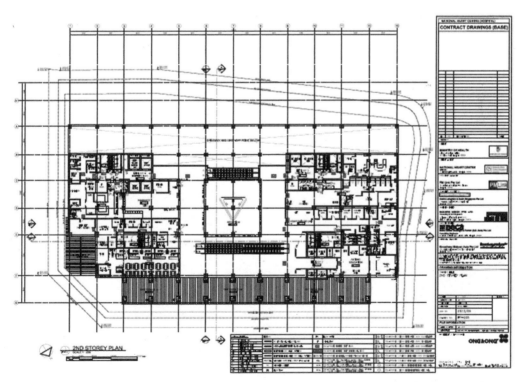

图 4.138 新加坡国家心脏病治疗中心——二层平面图：中央大厅、接待区、国际医疗服务部和检验科等（资料来源：Broadway Malyan Singapore 2012）

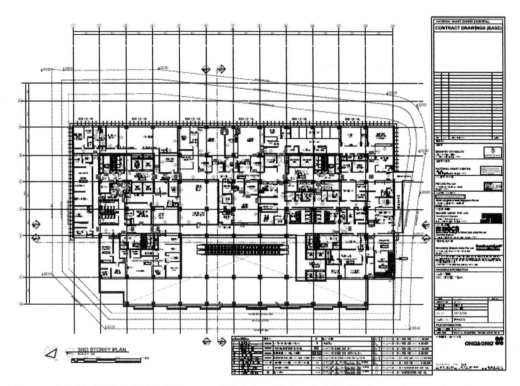

图 4.139　新加坡国家心脏病治疗中心——三层平面图：手术室、麻醉监测室（PACU），实验室等（资料来源：Broadway Malyan Singapore 2012）

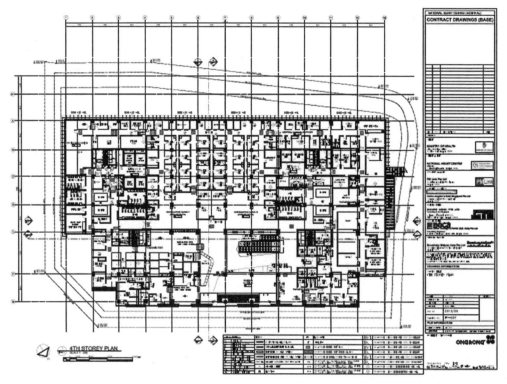

图 4.140　新加坡国家心脏病治疗中心——四层平面图：特殊门诊（SOC）、心脏科等（资料来源：Broadway Malyan Singapore 2012）

参考文献

Baillie J (ed) (2012) Operating theatre technology: premier performers for the theatre. Health Estate J 55–66

Baird CL, Bell PA (1995) Place attachment isolation and the power of a window in a hospital environment: a case study. Psychol Rep 76(1995): 847–850

Beauchemin KM, Hays P (1996) Sunny hospital rooms expedite recovery from severe and refractory depressions. J Affect Disord 40: 49–51

Becker C, Kron M, Lindemann U, Sturm E, Eichner B, Walter-Jung B, Nikolaus T (2003) Effectiveness of a multifaceted intervention on falls in nursing home residents. J Am Geriatr Soc 51(3): 306–313

Belver MH, Ullan AM (2011) Art in a Spanish children's hospital. Arts Health: Am Int J Res Policy Practice 3(1): 73–83

Ben-Abraham R, Keller N, Szold O, Vardi A, Weinberg M, Barzilay Z, Paret G (2002) Do isolation rooms reduce the rate of nosocomial infections in the pediatric intensive care unit? J Crit Care 17(3): 176–180

Boardman A, Hodgson R (2000) Community in-patient units and halfway hospitals. Adv Psychiatr Treat 6(2000): 120–127

Brandis S (1999) A collaborative occupational therapy and nursing approach to falls prevention in hospital inpatients. J Qual Clin Pract 19(4): 215–220

Brown K, Gallant D (2006) Impacting patient outcomes through design: acuity adaptable care/universal room design. Crit Care Nurs Q 29(4): 326–341

Bruce N, Perez-Padilla R, Albalak R (2000) Indoor pollution in developing countries: A major environmental and public health challenge. Bull World Health Org 78(9): 1078–1092

Buchanan TL, Barker KN, Gibson JT, Jiang BC, Pearson RE (1991) Illumination and errors in dispensing. Am J Hosp Pharm 48(10): 2137–2145

Busch-Vishniac IJ, West JE, Barnhill C, Hunter T, Orellana D, Chivukula R (2005) Noise levels in John Hopkins Hospital. J Acoust Soc Am 118:3629–3645

Carthey J, Chow V, Jung Y-M, Mills S (2011) Flexibility: beyond the buzzword- practical findings from a systematic literature review. Health Environ Res Des J (HERD) 4(4): 89–108 (Summer)

Cimprich B (1993) Development of an intervention to restore attention in cancer patients. Cancer Nurs 16(1993): 83–92

Clemons BJ (2000) the first modern operating room in America. AORN Journal 71(1): 164–170

Coss RG (2003) The role of evolved perceptual biases in art and design. In: Voland E, Grammer K (eds) Evolutionary aesthetics. Springer: New York

Crimi P, Argellati F, Macrina G, Tinteri C, Copello L, Rebora D, Rizzetto R (2006) Microbiological surveillance of hospital ventilation systems in departments at high risk of nosocomial infections. J Prev Med Hygiene 47(3): 105–109

Curtis S, Gesler W, Priebe S and Francis S (2009) New spaces of inpatient care for people with mental illness: A complex 'rebirth' of the clinic? Health& Place, Vol. 15, Issue 1, March 2009: 340-348

Cusack P, Lankston L, Isles C (2010) Impact of visual art in patients waiting rooms; a survey of patients attending a transplant clinic in Dumfries. J R Soc Med Short Rep 1(52): 1258

Department for Communities & Local Government (2012) National planning framework, London, ISBN: 978-1-4098-3413-7

Department of Planning Transport and Infrastructure (DPTI) Publications (2012) Policies & guide notes http://www.bpims.sa.gov.au/bpims/library/showLibrary.do (Accessed 20 August 2012)

Donahue L (2009) A pod design for nursing assignments: eliminating unnecessary steps and increasing patient satisfaction by reconfiguring care assignments. Am J Nurs 109(11 Suppl): 38–40

Douglas C, Douglas M (2009) Patient-centred improvements in healthcare built environments: perspectives and design indicators. Health Expect 8(2005): 264–276

Essex-Lopresti M (1999) Operating theatre design. Lancet 353(157): 1007–1112

Ezzati M, Kammen DM (2001) An exposure-response relationship for acute respiratory infections as a result of exposure to indoor air pollution from biomass combustion in Kenya. Lancet 358(9282): 619–624

Figueiro MG, Rea MS, Stevens RG, Rea AC (2002) Daylight and productivity – A possible link to circadian regulation, Light and Human Health: EPRI/LRO 5th International Lighting Research Symposium: Palo Alto CA: The Lighting Research Office of the Electric Power Research Institute 2002: 185–193.

Gonzalez MT, Hartig T, Patil GG, Martinsen EW, Kirkevold M (2010) Therapeutic horticulture in clinical depression: a prospective study of active components. J Adv Nurs 66(9): 2002–2013

Grahn P, Stigsdotter UA (2003) Landscape planning and stress. Urban Forest Urban Green 2:1–18

Gurascio-Howard L, Malloch K (2007) Centralized and decentralized nurse station design: an examination of caregiver communication, work activities, and technology. Health Environ Res Des J 1(1): 44–57

Guarascio-Howard L (2011) Examination of wireless technology to improve nurse communication, response time to bed alarms, and patient safety, Health Environments Research and Design Journal, Winter 4(2): 109–120.

Hagerman I, Rasmanis G, Blomkvist V, Ulrich R, Eriksen CA, Theorell T (2005) Influence of intensive coronary care acoustics on the quality of care and physiological state of patients. Int J Cardiol 98(2): 267–270

Hahn T, Cummings KM, Michalek AM, Lipman BJ, Segal BH, McCarthy PL (2002) Efficacy of high-efficiency particulate air filtration in preventing aspergillosis in immunocompromised patients with hematologic malignancies. Infect Control Hosp Epidemiol 23(9): 525–531

Hamilton DK (2003) The four levels of evidence-based practice. Healthc Des 3:18

Hendrich AL, Fay J, Sorrells AK (2004) Effects of acuity-adaptable rooms on flow of patients and delivery of care. Am J Crit Care 13(1): 35–45

Hoge CW, Castro CA, Messer SC, McGurk D, Cotting DI, Koffman RL (2004) Combat duty in Iraq and Afghanistan, mental health problems and barriers to care. N Engl J Med 35(2004): 11322

Jaffray B (2005) Acute paediatrics, minimal invasive surgery. Arch Dis Childhood 90(2005): 537–542

Jiang SP, Huang LW, Chen XL, Wang JF, Wu W, Yin SM, Huang Z (2003) Ventilation of wards and nosocomial outbreak of severe acute respiratory syndrome among healthcare workers. Chin Med J 116(9): 1293–1297

Kaplan S, Kaplan R (1989) The experience of nature: a psychological perspective. Cambridge University Press, New York

Kaplan LM, McGuckin M (1986) Increasing handwashing compliance with more accessible sinks. Inf Control

7(8): 408–410

Kerr J, Rosenberg D, Frank L (2012) The role of the built environment in healthy aging: community design, physical activity and health among older adults. J Plan Lit 27(1): 43–60

Lawson BR, Phiri M (2003) The architectural healthcare environment and its effects on patient health outcomes, London TSO ISBN 9780113224807

Leather P, Beale D, Santos A, Watts J, Lee L (2003) Outcomes of environmental appraisal of different hospital waiting areas. Environ Behav 35(6): 842–869

Li D, Cheung K, Wong S, Lam T (2010) An analysis of energy-efficient light fittings and lighting controls. Appl Energy 87(2): 558–567

MacLeod M, Dunn J, Busch-Vishniac IJ, West JE, Reedy A (2007) Quieting Weinberg 5C: a case study in hospital noise control. J Acoust Soc Am 121(2007): 3501–3508

McCarthy M(2011) Overcrowding in emergency departments and adverse outcomes.BMJ 2011:342

McManus AT, Mason AD Jr, McManus WF, Pruitt BA Jr (1992) Control of *pseudomonas aeruginosa* infections in burned patients. Surg Res Commun 12: 61–67

Memarzadeh F, Jiang Z (2004) Effect of operation room geometry and ventilation system parameter variations on the protection of the surgical site. In: IAQ 2004

Ministry of Construction & Ministry of Health PR China (1988) The architectural and design code for general hospitals, JGJ 49–88, Ministry of Construction & Ministry of Health PR China, Beijing, p 25

Moorthy K, Munz Y, Dosis A, Bann S, Darzi A (2003) The effect of stress-inducing conditions on the performance of a laparoscopic task. Surg Endosc 17(9): 1481–1484

NHS England Carbon Emissions (2008) Carbon footprint study 2008, London: NHS Sustainable Development Unit, Sustainable Development Commission & Stockholm Environment Institute 2008, p 15

Nordh H, Hartig T, Hagerhall CM, Fry G (2009) Components of small urban parks that predict the possibility for restoration. Urban Fores Urban Green 8: 225–235

O'Connor C, Friedrich JO, Scales DC, Adhikari NK (2009) The use of wireless email to improve healthcare team communication. J Am Med Inform Assoc 16(5): 705–713

Office for National Statistics (2012) Expenditure on healthcare in the UK-1997-2010 http://www.ons.gov.uk/ons/search/index.html?pageSize=50&sortBy=none&sortDirection=none&newquery (Accessed 15 Aug 2012)

Office of the Deputy Prime Minister (Department for Communities & Local Government since May 2006) (2004) Planning Policy Statement 22 (PPS22): Renewable Energy, TSO (The Stationary Office), London, UK, ISBN 9780117539242

Ottosson J, Grahn PA (2005) A comparison of leisure time spent in a garden with leisure time spent indoors: on measures of restoration in residents in geriatric care. Landscape Res 30(1): 23–55

Parr H, Philbo C, Burns N (2003) That awful place was home: reflections on the contested meanings of Craig Dunain asylum. Scottish Geographical Journal 119(4): 341–360

Passini R, Pigot H, Rainville C, and Tétreault M-H (2000) Wayfinding in a nursing home for advanced dementia of the Alzheimer's type. Environ Behavi 32(5): 684–710

Pati D, Cason C, Harvey TE Jr, Evans J (2010) An empirical examination of patient room handedness in acute medical-surgical settings. Health Environ Res Des J 4(1): 11–33

Pelletier RJ, Thompson D (1960) Yale Index measures design efficiency. Mod Hosp 95:73–77

Petrella RJ, Kennedy E, Overend TJ (2008) Geographic determinants of healthy lifestyle change in a community-based exercise prescription delivered in family practice. Environ Health Insights 1(2008): 51–62

Phiri M (2004) Ward layouts with single rooms and space for flexibility in health building note 04 inpatient accommodation: options for choice. NHS Estates, TSO ISBN 978-0-11-322719-8

Rappe E (2005) The influence of green environment and horticultural activities on subjective wellbeing of elderly living in long-term care, Publication No 24, Finland: University of Helsinki, Department of Applied Biology, 2005

Sadler BL, Berry LL, Guenther R, Hamilton KD,Hessler FA,Merritt C, ParkerD(2011) Fable hospital 2.0: the business case for building better health care facilities. Hastings Cent Rep 41(1): 13–23

Sherman SA, Varni JW, Ulrich RS, Malcarne VL (2005) Post occupancy evaluation of healing gardens in a paediatric cancer centre. Landscape Urban Plan 73(2–3): 167–183

Smith KR et al (2000) Indoor air pollution in developing countries and acute lower respiratory infections in children. Thorax 55(6): 518–532

Staricoff RL, Duncan J, Wright M (2003) A study of the effects of visual and performing arts in healthcare. Chelsea Westminster Hospital Arts, London

Taylor AF, Kuo FE, Sullivan WC (2001) Growing up in the inner city: green places to grow. Environ Behav 33(2001): 54–77

Taylor AF, Kuo FE, Sullivan WC (2002) Views of nature and self-discipline: evidence from inner-city children. J Environ Psychol 22(2002): 49–64

Taylor AF. Kuo FE (2009) Children with attention deficits concentrate better after walk in the park. J Atten Disorders 12(5): 402–409

Tennessen CM, Cimprich B (1995) Views of nature: effects on attention. J Environ Psychol 15(1995): 77–85

Trites DK, Galbraith FD, Sturdavant M, Leckwart JF (1970) Influence of nursing-unit design on the activities and subjective feelings of nursing personnel. Environ Behav 2(3): 303–334

Trzeciak S, Rivers RP (2003) Emergency department overcrowding in the united states an emerging threat to patient safety and public health. Emerg Med J 20(5): 402–405

Ulrich RS(1984) Viewthrough a window may influence recovery from surgery. Science 224: 420–421

US Department of Health and Human Services (2008) Physical Activity Guidelines for Americans, http:// www.health.gov/PAGuidelines/guidelines/ (Accessed 25 July 2012)

Van den Berg AE, Hartig T, Staats H (2007) Preference for nature in urbanized societies: stress, restoration, and the pursuit of sustainability. J Social Issues 63: 79–96. doi:10.1111/j.1540- 4560.2007.00497.x

Varni JW, Burwinkle TM, Dickinson P, Sherman SA, Dixon P, Ervice JA, Leyden PA, Sadler BL (2004) Evaluation of the built environment at a children's convalescent hospital: Development of the paediatric quality of life inventory™ parent and staff satisfaction measures for paediatric healthcare facilities. J Dev Behav Pediatr 25(1): 10–20

Villarreal EL, Semadeni-Davis A, Bengtsson L (2004) Inner city storm water control using a combination of best management practices. Ecol Eng 22(4-5): 279–298

Williams AM, Irurita VF (2005) Enhancing the therapeutic potential of hospital environments by increasing the personal control and emotional comfort of hospitalised patients. Appl Nurs Res 18: 22–28

World Health Organisation (2002) Addressing the links between indoor air pollution, household energy and human health, based on the WHO-USAID global consultation on the health impact of indoor air pollution and household energy in developing countries (Meeting report), Washington DC, 3–4 May 2000

Walch JM, Rabin BS, Day R, Williams JN, Choi K, and Kang JD (2005) The effect of sunlight on post-operative analgesic medication use: A prospective study of patients undergoing spinal surgery, Psychosomatic Medicine, 67: 153–156

Zborowsky T, Bunker-Hellmich L, Morelli A, O' Neill M (2010) Centralized vs. decentralized nursing stations: effects on nurses' functional use of space and work environment. Health Environ Res Des J 3(4): 19–42

Zhang J, Smith KR (2007) Household air pollution from coal and biomass fuels in China: measurements, health impacts and interventions. Environ Health Perspect 115: 848–855

第 5 章

新兴问题

5.1 "循证"与"可持续"的定义

"关于集中式分布与分散式分布、私营部门与公共部门实质性参与、国家与国际标准、绩效标准和性能标准等问题的相关争论，其核心环节是到底应该如何定义'循证'与'可持续'。"这些定义在近些年引起了广泛的争论，而且在很大程度上都涉及数据收集方法、数据实用性、对信息的检测或认证等问题。"循证"与"可持续"两者之间有多种多样的应用方式，如果使用不当，会导致混乱。举例来说，通过对已经获得证实的部分结论进行研究，可以发现，如果将"循证"这一概念刻意夸大，将会产生一定的风险，也会增加结论的不确定性。就其本质而言，产生结果不确定性的根本原因是——"循证"依然是一个处于发展过程中的新话题，有很多不确定性因素，并且没有接受长时间的考验。

然而，总体来说，"循证"一词依然被Lawson和Phiri（2003）、Ulrich（2008）、Hamilton DK（2008）等多次引用在《循证医疗建筑设计》（*Evidence-Based Architectural Healthcare Design*）中，并且指出，"循证"其实是一种严格遵循了科学精确性的数据收集与分析的方式。因此，从本质上讲，"循证数据库"是与建筑结构、工艺措施、医院产出紧密相连的（表5.1）。

医疗建筑中环境品质与安全性提升因素 表 5.1

		描述	典型应用	好处 / 优势	其他注意事项
集中式布局与分散式布局		集中式布局 采取"自上而下"的方式，在很大程度上由中央政府和权力中心进行决策	健康安全立法要求：保证建筑物内部和周围公民的健康和安全。涉及的规划立法包括医院选址的意义，以及对周围地区整体规划的影响等。英国政府的"设计质量改善计划"需要通过健康产业的发展加以实现	相应的机制可以直接地应对医疗政策的改变和社会发展提出的新要求。质量和安全管理标准要高于监管标准的一般要求	由立法监督部门制定的最小标准，通常会最大化发挥作用。大多数质量和安全规则限制竞争。医疗政策的脆弱性可以导致负面因素的产生和过度化；而短期策略，会导致特殊化

M. Phiri and B. Chen, Sustainability and Evidence-Based Design in the Healthcare Estate, SpringerBriefs in Applied Sciences and Technology, DOI: 10.1007/978-3-642-39203-0_5, The Author(s) 2014

	描述	典型应用	好处 / 优势	其他注意事项
集中式布局与分散式布局	*分散式布局* 采取"自下到上"的方式，由地方政府进行决策	英国的"家庭护理"很大程度上由当地政府掌控。同样，在瑞典非常典型，医院由直辖政府或地方政权直接负责	有能力应对地方组织、居委会、当地居民的需求	难点所在：如何满足多样化需求，解决复杂的多种冲突
国家指导与国际指导方针＋工具方法	*国家指导* 以拥有相同语言、文化、种族、血统和历史的组织为基础	在世界范围内，建筑管理立法要求建筑工程和基础设施建设都要遵守建筑立法，以及议会确立的一系列建造标准。 标准覆盖了健康保健、结构的稳固性、消防安全、能源使用和住户车辆通道等问题	承认国家建筑规范、法律和管理的权威性，例如ASHARE标准、美国健康指南、英国保健标准等。在发展和更新中依赖自己的资源，容易达成共识	国家的指导方针可能并不适用于文化、法律、习俗都不同的国家
	国际指导 包括不同的国家，以及跨越国家边界的延伸	哪种模式可以全球范围内预防疾病，延长寿命。通过集体努力，赋予组织、公众、私人、社区相应的选择权，来保障人民健康	国际合作，有利于共享技术，共同承担维护和更新成本，共同创新，例如"欧洲标准"（EN）。协调发展，提高资源利用率，并且减少浪费，提高效率和效能	要求提高政府的监管能力，确保医疗监管水平。国际激励措施对鼓励落实非常必要，尤其在现阶段。联合国已经开始采取措施，惩治政府的不作为
规范标准与绩效标准技术指导／标准＋工具方法	*规范标准* 权威性的建议或者行为需要由权威机构授权	案例一：按规定，楼板应该可以承受35MPa的混凝土，并且表面光洁度要符合指定的标准。 案例二：在国际标准委员会的协调下，美国国会运用公开透明的征集方法来更新建筑法规	规范标准包括明确地标注建筑过程：建筑是具体怎样进行的，并且需要提供有参考价值的阈值、基准或不同数据之间的考量。传统意义上的规范标准要求：必须及时对新出现的问题做出反应，以确保此类问题不再出现	规范标准的不确定性容易导致诉讼案件产生。强制的医疗指导和标准不会直接促进设计质量或者安全性能提升。相对于快速发展的技术和组织结构的变化来说，规范要求的变化是缓慢的
	绩效标准 某事或某人发挥作用、采取行动，需要依据预期效果和标准制定相应的路线方法	对上述案例 ·的另一种处理办法是，指定一种地面材料，使之可承受最高交通荷载，自定义其车道，加固机架。 但是这需要由路面平坦度、地面水平度等多种因素决定，并且要规定机架高度以及运行设备的种类	绩效标准并不是准确的数值，只能大体估算建筑性能是如何发挥最大功效的。 当减少监督负担时，可以为创新提供机会。记录要求具体阐述所需特殊设备、材料或产品	根据预期效果定义设计参数难度非常大，同样，定义普适性绩效标准难度也非常大。绩效标准的建立减少了设计者将责任转移到建造者身上的风险，一定程度上限制了他们的创造力和创新力，同时也增加了违约的风险

	描述	典型应用	好处／优势	其他注意事项
在规范和技术标准发展中的公共部门与私人部门的参与	*公共部门参与* 政府控制部分经济命脉，例如政府的财政支出	公共部门适当进行政府干预，例如个人行为（酗酒、抽烟、不良饮食、缺乏体育锻炼等）。尽管带有某些"官僚主义"色彩，例如政府的税收政策需要通过福利范围加以调整，因此并不是严格意义的"市场主导"	根据公共部门的规范定义：公共资源是为公共医院和基础设施服务的	政府的规范通常都是强制性的，不可以自发的，也是不容易被接受的。 外包给私营部门有利于提高效率
	私人部门参与 私人所属经济，例如由非政府组织掌控的自由市场经济	营利组织和活动是十分富有社会责任心的，并且是"市场导向"的。尽管国家财政、保证金、救助金和税收，都是以股票价格为基础的	与私人医院和基础设施建设相同，医疗保健指导工具的更新和维护也可以及时实现	明显的风险被转移到公共部门，然而，收入可能由于直接的责任承担而减少
自我评估与第三方评估	*自我评估* 将自身的喜好和利益置于首要位置加以考虑	例如NEAT、AEDET Evolution等，都作为自我评估工具得以发展，适用于初学者运用在 DQI 或者 BREEAM 上，并且完全免费	通过医疗健康组织进行自我评估，其效果与相关标准对应	自我评估并没有通过外部或者客观标准加以验证。需要创建一个合理标准需要严格的专业知识
	第三方评估 独立于两者之外的第三方评估	第三方评估是耗时最长且最为广泛接纳的医疗评估系统，包括风险管理、质量和安全提高，以及各种外部评估	是相对客观公正的评估方法。意味着如果组织遇到问题，系统将会对它重新鉴定，及时做出调整，并且确认类似的事情不会再次发生	外部评审团包括：同行和用户。这可能成本很高，并且需要一个长期评审过程。但是一旦认定合格，就意味着有了可靠的保证，并且不会有事故发生

作为衡量医疗健康建筑质量和安全性能的长效机制，循证原则阐明了设计究竟是如何影响医院使用寿命、意外发生率、交叉感染率、医疗事故、药物消费等方面的，同时其他调查数据也非常详细地调查了心率测试、睡眠模式、员工旷工率之类的问题。至于其他更多的定性指标，例如病人满意度、员工招聘问题等，还是需要广泛地参考国际化标准。

英国卫生部早在 2000 年就出资建立了类似的数据库（Lawson & Phiri 2000）。这个数据库在 2004 年，即英国 NHS Estates 废除之前，每年都会保持更新。通过对 700 多个相关研究进行分析发现，建筑师通过在建筑设计中控制相关的因素，可以对患者的满意度、生活质量、康复时间、康复水平、排斥感、睡眠质量等方面，产生重要的影响。数据库实际上参考了与之相类似的、美国 Roger Ulrich 教授团队所贡献的文献检索（Ulrich et al. 2004，2008）。Ulrich 研究小组的研究如下所示：

1. 采用严格、恰当的研究方法，允许合理的比较，放弃替代假说。该研究对调研设计、样本数量以及调研质量进行严格的控制与评估；

2. 具有探索性的研究成果，对医疗健康决策者、临床医生、患者，乃至全社会，都会产生深远的影响。

之前，Rubin 教授及其团队于 1998 年明确了自 1968 年至今的 84 个研究项目（从总共78761 份文件中筛出）达到关于明确界定科学标准的要求。并从 2004 年至今的文献资料中找到了约 125 个相对严谨的研究报告。Ulrish 和 Lawson 研究团队共收集了 600 多个相关研究。因此，我们对于设菲尔德数据库的严谨性充满信心，并且坚信设菲尔德在这个领域的研究是走在世界前沿的。数据库最初由英国卫生部总结出版，2004 年之前在英国卫生部知识门户（www.spaceforhealth）持续更新，并且辅助性的数据库网站（http://hear.group.shef.ac.uk）也为规划设计、设计管理提供所有原始摘要，同时也为那些想要检验数据库是否真正具有价值的科学家提供可靠的分析（Phiri 2006）。研究指出，在当前情况下，数据库大小主要取决于数据收集的规模和范围，至于其他方面则是纵向的调查研究。有些数据是多角度的，同时更多的是参数的（图 5.1，图 5.2）。

医疗健康基础设施研究和创新中心与英自然科学研究理事会共同支持的项目——创造了一个非常适合"循证"科学发展的大环境（EBLE），用来支撑医疗创新设计或者其他相关项目。拉夫堡大学得益于欧洲投资银行的专项资金，用于探讨"循证"的实质和作用，试图证明其在医疗建筑中可以帮助病人改善健康水平，提高医院效率和产出，缩短医院与家庭的距离，增强医院的适应性和灵活性，减少浪费和碳排放量，并且提供便利的社区医疗服务。但是不可否认，我们依然在医疗健康设计中面临很多挑战。现阶段医疗环境现状复杂，各种因素交错，同时存在很多潜在问题有待解决，研究人员首先需要面对的问题就是如何做出最优化的分析判断，并提出相应措施。不同方向的不确定因素也正在引起越来越多的关注，如工作流程、治疗过程、文化、政策、社会环境，以及在治疗过程中产生的心理问题等，都是循证研究中不可忽视的问题（Quan et al. 2011, p.65）。缺乏对物理环境的定义、工具、措施等各项指标，是研究进一步深入的主要障碍。基于有效的研究成果而建立的理论框架的发展，可以推动设计决策和指导工具的产生，并促进成果的研究和转化。基础数据收集是十分复杂的过程，因为除了"可持续性"和"循证"这两方面以外，还有很多不同的领域和主题相互交叉。数据搜集运用了自然科学方法论，因此数据评估的可靠性也对循证设计库提出了一定的要求和挑战。同时，循证研究想要推动医疗保健领域的整体发展，也需要与疗愈环境的目标保持一致。

2011 年 Fable 医院在循证设计创新领域取得了突破性进展，但仍需进一步研究证实（Sadler et al. 2008，2011）。由"证据"研究支持的"循证创新"，资料搜集包括：大面积的单人病房、合适的敏锐度、开窗设计、病房淋浴间双开门通道、顶置式电梯、室内空气质量、护理室、清洁设施、药物区域照明、防噪声措施、水资源和能源节约设施、远程 ICU 监控设备、治疗艺术、积极的注意力分散和康复花园等。不可否认的是，依赖经验的设计创新包括创新设计，包括家庭/社会空间、信息来源、卫生信息资源中心、休息区域、员工健身房、分散护理和环保材料等在内的多种因素，需要被进一步证实。

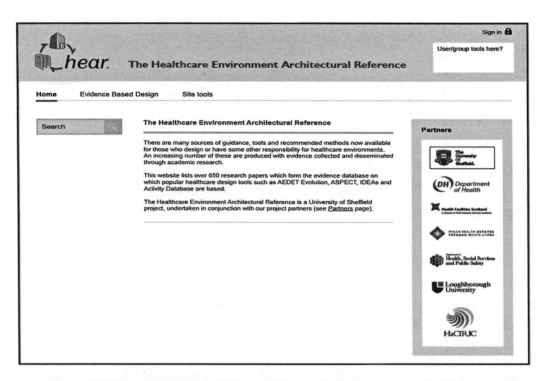

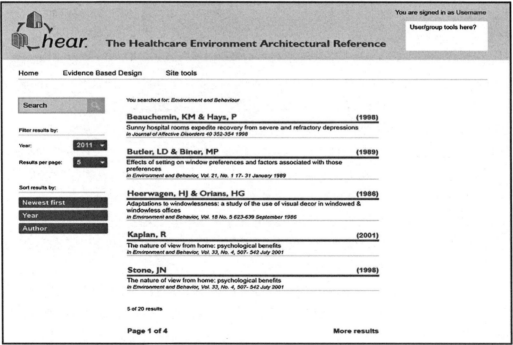

图 5.1　医疗环境体系结构参考 1～2（http://hear.group.shef.ac.uk）

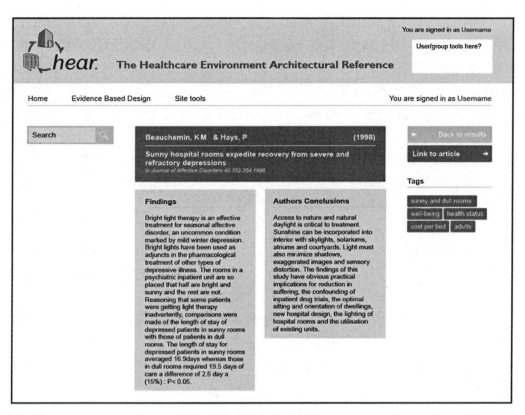

图 5.2　医疗环境体系结构参考 3～4（http://hear.group.shef.ac.uk）

"可持续性"是由可持续建筑和建筑使用中的可持续因素两者构成的。在可持续发展过程中，需要满足技术要求和功能性能。根据 ISO 15392（2008），建筑物的可持续性需要依靠三个方面加以实现：经济、生态和社会。从经济角度来看（例如生命周期成本最小化），绿色建筑或者可持续性建筑包含了以下几个方面：

- 高舒适度和最优化的用户质量；
- 最小化水资源和能源消耗；
- 资源保护，即在选择不同材料时，将材料循环利用作为至关重要的因素；
- 环境友好型能源使用；
- 污染物低排放，例如，减少 CO_2 排放；
- 卫生保健。

可持续发展的多层次性包括相互关联的生态、文化、社会和经济等多方面因素：

1. *生态可持续性*：人类对自然的干预措施，其表现和影响是什么，以及我们怎样才能为人类和其他生物创造一个安全健康，且适合生存的家园？

2. *文化可持续性*：文化应该如何适应环境的多样性特征，如何通过观察、思考、暗示、关联以及与自然的联系方式，培养凝聚力？

3. *经济可持续性*：我们应该如何创造一个环境友好的、与文化相关的、具有一定社会价值的经济系统？

4. *社会可持续性*：是什么赋予我们参与自治的权利，我们应该如何促进良好公民风尚的形成并且确保公民正义，以及如何整合经济、文化、社会、生态这四个基本要素，定义人类未来，释放人类潜能？

所有这些都意味着噪声、污染和垃圾排放的恶劣后果将被最小化。毫无疑问，可持续发展可以最大化地减少能源和水资源消耗，对环境的监管力度将会持续加强，甚至其投入将远远超过对建筑物维护和建设的投入。

在对"可持续性"进行更广泛的定义时存在一个问题，研究人员和建筑师已经从环境保护和资源管理的角度最大化地接近"可持续性"要求了。同时，他们需要一个可持续的综合评估方法，来平衡政策设计和具体执行之间不同角度的切入。例如，在一个矛盾的方向上，促进流动性的举措可能导致环境污染加剧；同时，包含生态流动性的项目，又可能会破坏社会正义、增加不平等。因此，包括类似气候保护问题等更成熟的可持续性计划在内的绿色建筑设计，可以帮助我们认识绿色建筑巨大的潜力，从绿色建筑技术和施工实践着手，进行创新。

5.2 集中式布局与分散式布局

在英国，医疗保健指南和工具的开发反映了英格兰 NHS 组织结构的变化，包括与 NHS 投资历史水平的直接关系。这表明自 1999 年以来，为增强 NHS 能力而将投入的资金增加了一倍。集中式分布与分散式分布已经变成重要的驱动因素。不同的采购路线，尤其是建筑设计、私人融资 PFI、公私合作 PPP 等模式，都发挥着越来越重要的作用。

医疗保健对指南和工具的迫切需求已经不断从一些研究中获得验证，这些研究发现建筑师对技术信息有着一种急切的渴望。不过这些信息也只有融入建筑师的语言中，才更容易被提取（Tétreault & Passini 2003）。为了提高实用性，需要从研究结果中筛选类似于建议的指导方针，主要是针对功能和技术规范方面，包括文献回顾或引用参考列表，都是为进一步研究做准备的。研究提倡政府机关应该主动承担这份工作，并且加以推广。同样，正如办公室的信息输入需要满足客户的目标需求，我们的医疗服务也需要从不断的研究中获取动力。

然而，为医疗健康建筑设计提供"指南和标准"比预想得更加复杂，特别是在 1961 年医疗建筑领域第一个试点的《医疗建筑指南》出版之后。强制性医疗保健指南和工具为了满足日益增长的循证设计需求，对建筑师在长期应用中习惯性使用的循证原则进行了整体概括，内容涵盖结构、土木、数学、几何物理、材料学、流体力学到房地产经济学等方面。但是他们对这个循证策略似乎不够满意，因此，他们将研究重点逐渐转向那些没有教育基础的、比较陌生的领域，试图从新领域发现新的解决思路（Hamilton 2008）。

医疗建筑指南和工具并没有定期根据最新的研究成果和建设技术更新，而是根据三种模式——护理模式、房地产战略和物理模型——的变化而进行更新。这在很大程度上源于对资源有限这一事实的认知，但是资源需求是无限的。在医疗指南和工具发展中最主要的投资并不是最初的成本，而是在随后的建设发展中，用来维护和保持数据更新的那部分资金。规划和设计的数据只有实时更新才有价值，然而要保持数据的更新则是一项浩大工程，这需要坚持不懈的努力，也需要适当的投资。如果得不到及时的资金投入，那不管系统本身是否可以高效运行，都无法保证证据库及时有效的更新和维护。

5.3 无视过去的代价

20 世纪 80 年代以来，英国的主要经验教训表明了知识的流失或转移不畅，例如在经济、速度和质量评估的背景下合理化的相关收益。究其原因，主要是没有对过去的损失进行合理反思，以及没有形成有效的反馈。

霍华德·古德曼的"奖学金报告"为医疗保健计划和投资投注新的希望（Barlow et al. 2009）。

1. 事实上，建筑师和使用者的交流存在一定的障碍。例如，基金会、基于特殊目的的载体与承包商之间的交流和协作通常很困难，并且容易受到破坏，这都是由于合同安排不合理造成的。对建筑师来说，似乎存在两个客户，特殊目的的载体和传统意义上的客户，即医院及其使用者。

2. 项目内部的知识转移是有限的。经过信托公司系统化获得的 PFI 项目数据大量缺失。

我们迫切需要从历史中汲取经验教训，同样也需要从 PFI 模式指导下的新医院中获得经验教训。相比较之前的系统，PFI 模式可能已经对促进设计创新没有那么大的影响力了。前者系统贯穿英国 NHS 的发展过程，因此具有更强的协调性和包容性。如果需要进一步培养创新意识，我们还需要认真思考获取和传播知识的途径。

3. 英国 NHS 的持续重组扼杀了创新思维，模糊了对未来的关注焦点。医疗健康文化试图专注于满足现阶段的需求，而非长远打算。之前由英国政府规划的、依靠地区当局实施的战略模式已经不再适用了。

● 在英国，特别是中央和地方政府已经外包了他们的建筑技术（Bordass 2003），英国已经不再拥有房地产服务机构；尽管大规模的学校建设依然存在，但教育部下辖的设计研究中心已经取消了；地方政府的技术部门也仅仅变成过去功能的缩影。同样的，在医疗健康行业，英国国民健康保健制度已经被废弃了。

● 中央政府同样也外包了它的相关研究。英国 BRE 研究机构在 1997 年便归为私有，而如今，它只是一个咨询公司。英国政府现在已经不再对及时有效的信息拥有唯一官方渠道。

● 政府在看待"建筑行业"的时候犯了一个定位错误，它将自身定义成专家来看待建筑性能。而实际上，行业只是参与设计建造，却对使用期间的性能并没有过多的了解。在极大程度上，建筑行业的现状就是，它只是交钥匙工程，其后便不再参与或者关注建筑的使用。

● 尽管英国商务部早在 2007 年就谈到了终身成本（例如，OGC 2007），但必须要看到的是，投资和维护之间的分歧依然非常顽固。在实践中进行成本预算非常困难，包括安置、调整的成本以及建筑建成之后的反馈，从运营成本中拿出部分资金支持这些活动同样十分困难。值得庆幸的是，英国的私人融资（PFI）金融和设计、建筑和运营团队，都可以联系到一起。然而，在这个运营团队的内部，责任意识、层次等级可能比以往任何时候都要划分得严格。举例来说，项目建成之后，在销售过程中，如果能够得到相关的反馈，那这些反馈信息是不被共享的，只能提供给指定的成员。

5.4 公共部门与私人部门参与

保持公共部门和私人部门参与之间的平衡，是发展医疗保健指导和工具过程中需要面对的一个重要话题。医疗保健指导和工具的发展需要连续的资本投入，从而确保定期、稳定的更新，以此应对医疗模式中技术或其他方面的变化。同时，考虑到医疗保健指导策略的发展过程，这里有三个基本问题无法回避：医疗保健政策具有脆弱性；新情况变化速度快；组织管理结构具有长期的复杂性。

尽管清晰有力的设计指南对于保障设计质量具有极其重要的作用，但强制性医疗保健指南和政策也并不一定会引发设计质量或者其他建筑安全方面的改进。即使是经过卫生部认可的技术，例如数据库，都不能保证建筑质量一定过关，也不能保证建筑的安全性能有所改善。教条主义本身或对医疗保健指南与工具的生搬硬套，反而有可能扼杀创新，进而导致设计的失败。

循证设计操作协议中存在一定的误差，建筑成果标准需要通过治疗效果获得验证。这应当通过严格且透明的流程进行解决，保持过程和结果的一致性，平稳地推进改革。其中最关键的任务就是：创造一个国际认证的"循证数据库"，旨在于改善人类身心健康、防治疾病，并且为未来的研究提供明确的策略依据。

5.5　国家标准与国际标准

同时，另一个挑战就是建筑标准的研究、评估以及标准和手册的出版费用非常高。这就为项目开发商增加了管理负担，并且成本通常是持续性需求的，一旦中断，则无法保证持续的更新，这就造成了很大的压力（图5.3）。

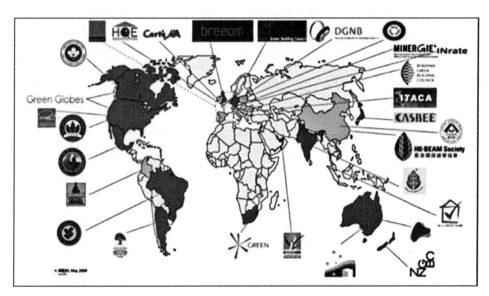

图5.3　国家与国际医疗技术指导、标准和工具的分布情况示意图

任何国家发展综合医疗指南或工具都具有可以将医疗指南与国家立法、国家医疗保健政策、社会特殊的大环境相结合的优势。这就避免了本国医疗决策对外依赖程度过高。然而，一个国家一旦决定发展与坚持本国的医疗指南和工具，其开支是非常高的，并且需要专业的研究支撑。

参考国际标准化组织标准（ISO Standard 14020 2000，ISO Standard 14040 2006，ISO Standard 15643–1 2010，ISO Standard 21931–1 2010），有利于促进指南规范中的经济和技术内容整合，保持良好的更新状态和技术发展，这是避免重复工作的可靠选择。尤其是在英国，自从 1947 年 NHS 制度确立以后，历届政府对国民健康保险制度作出的支持或高评价，都会伴随相应的资金支持，并且以可行性高的医疗指南和工具为基础。

5.6　规范标准与绩效标准

发展医疗保健核心标准的主要挑战就是保持"规范标准"和"绩效标准"之间的平衡。规范标准要求明确说明某件事情是如何完成的；而绩效标准只是要求事情完成的大体程度。这在大多数情况下都取决于建筑师本人，其结果所能达到的水平是无法预估的，并且它到底是如何为创新提供契机的也无从知晓。从历史上看，这些规范要求面对新问题的产生，整个反应是多变灵活的，建筑标准的修订可以确保此类问题不再发生。美国建筑规范在国际规范委员会的努力推广下发展得较为稳健，为我们展现了一个主流规范标准的模板，除此之外还提供了一种新鲜透明的信息更新方法。国家定期举办公众听证会，任何对此感兴趣的团体或个人都可以通过合理途径参与到规范的修改和认证过程中。决策代表由一个专家和顾问小组组成，并且广泛通过网络征集建议（图5.3）。

近年来，曾经大规模应用的建筑规范标准已经更多地向绩效标准转变，且规定的强制要求越来越少。多个国家已经将绩效标准融入建筑规范，而加拿大却放弃了无法正常运营的绩效规范，转而采用一种以目标为基础的新型规范，这是一种规范标准和绩效标准的混合体。少数国家，例如澳大利亚，同样转型去试用更加简洁的、以目标为基础的新型标准和规范。目标标准列出了一系列的、所有的建筑都需要达到的目标，而这些标准仅仅关注如何实现预期标准，对如何实现这些目标的具体细节没有做过多的要求。当它运用到建筑项目上时，建筑师必须说明他们打算如何设计，使建筑物能够达标。但问题是，以绩效为基础的建筑标准主要关注使用者的健康、安全和用户舒适度等问题。因此，现在急需明确可以影响设计质量的最简化通用规范、标准和工具。标准的问题是与标准化工作流程有关的，过于复杂、非标准化的工作流程会对医疗保健自身的标准产生消极影响。

5.7　自我评估与第三方评估

关于医疗保健指南和工具应该怎样在实践中运用，以及应该由谁定义"循证"，这是医疗保健领域的新兴问题。世界范围内的大趋势是向着监管能力方向发展的，并且这股趋势越来越明显，通常这需要通过分散的形式加以证实，包括混合交叉组织（Mackenzie & Martinez Lucio 2005）。所有这些都有助于我们认清自己，进行正确的自我评估，并且进行合理的自我约束。现阶段，例如英美等很多国家都已经颁布了相关的医疗保健政策，并且试图推动和发展它。为完成这一目标，国家卫生部也已经颁布了医疗保健指南和工具，作为推动医疗保健政策和指南发展的有效支撑。

除此以外，"前提保证模型"（Premises Assurance Model，PAM）在英国作为全国范围的参考标准，其发展规则是全国采取一致性方式，提供前期的组织保障。在这个环节里，可以获得英国国家医疗服务体系提供的临床服务，这也是对"医疗保健指南和工具如何实现"这一问题的有力答复。"前提保证模型"是英国 NHS 对医疗质量总体构想的重要组成部分（"高质量群体护理"，Darzi 2008）。这种方法其实是一种严格的自我评估，依靠测量来证明医疗健康服务者所要达到的标准和前提是安全、效率以及用户的体验感。因此，前提保证模型 PAM 制定了一个围绕一系列关键成果的绩效范围，包括五个领域：① 经济 / 财富价值；② 安全性能；③ 效率；④ 病人体验；⑤ 董事会能力。这种机制支持以下几点内容：

- 一个组织所表现出的、对管理服从的能力；
- 一种可证实的示范：PAM 在英国 NHS 操作框架里扮演重要的一环；
- 一种可衡量的示范作用：PAM 遵守了绩效管理（英国 NHS 绩效制度）的相关规定。

无论在哪一种情况下，英国卫生部的指南和工具毫无疑问已经在改善健康服务质量的过程中，扮演着重要角色。PAM 的双重目标非常明确，第一，寻求从操作层面转换到策略层面的前提保证；第二，增强对医疗健康组织的重要作用的认知。英国 NHS 的"前提保证模型"在临床治疗与社会服务等方面确实发挥着重要作用，而 PAM 是由 NHS 重点推出的，需要采取自下而上的方式来提供医疗保健服务的信息和设计工具。

绿色建筑评价工具，例如 BREEAM、LEED™ 等，目前正处于发展过程中。工具的注册和认证需要有第三方的担保，例如"循证"设计中的可持续原则，在实现的过程中，已经有第三方及时跟进了。因此，为保证医疗评估的严谨性和可认证性，需要从用户筹集的基金中获得对评估员的培训和技术资金。其实费用、注册和需由专业评估员使用都是评估推广的障碍，这意味着医疗工具并不是无偿提供给潜在用户的。注册系统和建筑认证具有连续的使用权、租赁收入和销售价格等多方面优势，这都有利于私人部门的参与。同时，评估系统也保证了医疗保健工具的创新发展，所需经费可以从专项基金、注册费、评估员培训费等中直接获取，当然也可以通过市场销售获得（图 5.4）。

在英国，国家卫生部已经大力推动以自我评估为主的设计工具的研发，例如 AEDET Evolution 和 NEAT，其最终目的是提高建筑可持续性和设计质量。自我评估工具的巨大优势是完全无偿。也就是说，自我评估工具不需要注册费，当然也不需要获得相应证书，而是仅仅赋予医疗健康指导和工具一种特殊权利，并且增加对公有资产的信任度。自我评估工具的使用者可以明显感觉到政府政策的扶持，其评估结果也具有较高的可信度和准确度。然而，自我评估系统也有其自身的局限性，即对过程和结果的双重认证。因此，关于评估过程是否严格以及结果是否可信，并没有绝对的保证。想要将自我评估工具与类似 BREEAM 和 LEED™ 这类大范围运用的评估工具相结合，最重要的是保证持续不断的资金投入，并且找到合适的赞助商。这才可能满足医疗工具及时、稳定地更新这一发展需求，也是对不断变化的技术和临床实践做出的回应。

自我评估和第三方评估并不一定说明了私人参与和公共参与的关系。医疗保健指南和工具通常由非营利组织、大学 / 教育机构、专业组织（例如 BSRIA 的 CIBSE TM22 能源评估工具）或者国家政府之间，进行有序的合作，包括共同发起、赞助、支持和发展。

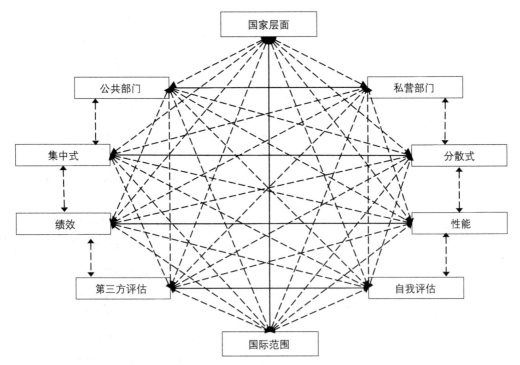

图 5.4 提高质量和安全的医疗技术指导、标准和工具之间的复杂关系图

参考文献

Barlow J, Köberle-Gaiser M, Moss R et al (2009) Adaptability and innovation in healthcare facilities: lessons from the past for future development. The Howard Goodman Fellowship report, HaCIRIC

Bordass W (2003) Learning more from our buildings, or just forgetting less? Build Res Inf 31(5): 406–411

Darzi L (2008) Our NHS our future. Retrieved Apr 2008 (http://www.ournhs.nhs.uk/)

Hamilton KD (2008) Evidence is found in many domains. HERD: Health Environ Res Des J 1(3): 5–6

ISO Standard 14020 (2000) Environmental Labels and Declarations—General Principles

ISO Standard 14040 (2006) Environmental Management—Life-Cycle Assessment—Principles and Framework

ISO Standard 15392 (2008) Sustainability in Building Construction—General Principles

ISO Standard 15643-1 (2010) Sustainability of Construction Works—Sustainability Assessment of Buildings—Part 1: General Framework

ISO Standard 21931-1 (2010) Sustainability in Building Construction—Framework for Methods of Assessment for Environmental Performance of Construction Works—Part 1: Buildings

Lawson B, Phiri M (2000) Room for improvement. Health Serv J 110(5688): 24–27

Lawson B, Phiri M, in collaboration with John Wells-Thorpe (2003) The Architectural Healthcare Environment and its Effect on Patient Health Outcomes: a Report on an NHS Estates-Funded Research Project, The Stationary Office, London, pp 1–22

Mackenzie A, Martinez Lucio M (2005) The realities of regulatory change: beyond the fetish of deregulation. Sociology 39(3): 499–517

Ministry of Health (1961) Hospital Building Note No. 1 Buildings for the Hospital Service HMSO, London

Office of Government Commerce (OGC) (2007) Whole life costing and cost management, OGC, London

Phiri M (2006) Does the physical environment affect staff and patient health outcomes? A review of studies and articles 1965–2006, London, TSO

Quan X, Joseph A, Malone E, Pati D (2011) Healthcare environmental terms and outcome measures: an evidence-based design glossary phase 1 report. The Center for Health Design, Concord CA

Rubin HR, Owens AJ, Golden G (1998) Status report: an investigation to determine whether the built environment affects patients medical outcomes. The Center for Health Design, Concord

Sadler BL, Dubose J, Zimring C (2008) The business case for building better hospitals through evidence-based design. HERD: Health Environ Res Des J 1(3): 22–30

Sadler BL, Berry LL, Guenther R, Hamilton KD, Hessler FA, Merritt C, Parker D (2011) Fable hospital 2.0: the business case for building better health care facilities. Hastings Cent Rep 41(1): 13–23

Tétreault M-H, Passini R (2003) Architects' use of information in designing therapeutic environments J Architect Planning Res 20(1): 48–56

Ulrich RS et al. (2004) The role of the physical environment in the hospital of the 21st century: a once-in-a-lifetime opportunity. Center for Health Design

Ulrich RS et al (2008) A review of the research literature on evidence-based healthcare design. HERD J 1(3): 61–125

第 6 章

结语

6.1 讨论及总结

作为解决长期数据搜集以及设计质量提高的处理办法,本研究建议每一项医疗项目都被纳入研究范围内,其最终目标是汇总贯穿项目"前策划"和"后评估"全过程的、丰富的样本数据,用于分析建筑环境及建筑性能的变化程度,从而进一步说明什么是建筑的可持续性,以及建筑质量和安全性能的提高到底是一个怎样的过程。评估和研究作为医疗保健设施的一部分,仅仅依靠单一的"设计-建造-使用"是远远不够的,应当同时结合上游建筑教学方式的发展变化。特别是在大学的建筑课程中,应当更加重视医疗服务方面的课程,并且将其当作建筑设计课程中非常重要的一部分(表 6.1)。

所有这些变化都暗示了一种医疗服务理念的发展和成熟,同时也影响了医疗保健行业的内部调整和走向。首先,需要展开严格的、纵向的研究,来证明特殊的设计策略或干预与治疗结果之间的关系。其次,应定期进行项目预评估,及时获得反馈,为未来工作做出相关预见与部署。最后,辅助参与者的翻译工具和研究工具的发展进步,是另外一个亟须解决的研究课题。

各案例之间在处理可持续设计及循证设计的比较总结 表 6.1

	中国佛山顺德第一人民医院	澳大利亚盖伦赛德院区	英国桑德兰霍顿乐春初级护理中心
循证设计和相关介入	• 提高患者的安全感,改善治疗效果,提高工作人员的工作效率 • 提高患者,家属和工作人员的满意度 • 采用现阶段来说最理想的实践方法 • 灵活地适应未来发展	**满足监护要求:** • 一个安全的、健康的、能够促进康复的地方 • 自治和综合 • 具有高标准的景观设计和公园设计 • 多样性住宅 使用后评估的目标是:评估新建医疗建筑,在他们的能力范围内是否满足了新型医疗建筑模型的要求,并为循证设计提供依据	**改善当地社会医疗建设** • 促进患者的康复,并使患者快速恢复日常生活能力以及自理能力 • 将医疗带入居住和工作的环境 • 现代化医疗服务的催化剂 • 促进医疗服务模式的重新配置 • 为改善公共健康水平,在一些重点疾病(如心脏病、癌症、肥胖症的早期检测、诊断和治疗)上,提供合作机会 • 为医疗和社会保健系统创造节点

	中国佛山顺德第一人民医院	澳大利亚盖伦赛德院区	英国桑德兰霍顿乐春初级护理中心
可持续设计的特点及相关介入	• 4.0.09 建筑造型系数；4.0.10 现场声环境；4.0.11 风速；4.0.12 路面硬化区域；4.0.13 当地绿色植被；4.0.14 医院选址；5.0.11 以人为本原则；5.0.12 内部空间；5.0.13 使用耐用材料；5.0.14 非建筑结构缓冲；5.0.15 使用人造橡胶地板；6.0.9 能源监测、水质、气体和其他供应检测；6.0.10 建筑设备；6.0.11 电力驱动、空气调节、水资源冷却器和空调；6.0.13 HVAC 调试和测试系统；6.0.14 10/0.4kV 变压器负载和负载损失；6.0.15 变压器和配电变电站位置和分布；6.0.16 节水设备；6.0.17 可控制的照明系统；6.0.18 信息系统 • 7.1.13 房间自然通风；7.1.16 空气过滤；7.1.17 暖通系统；7.2.10 电源噪声控制；7.2.11 危险品的循环和沉淀； • 8.0.8 减少能源消耗、用水、污染和浪费；8.0.9 倡导绿色出行；8.0.10 衡量能源消耗；8.0.11 技术系统恢复能力；8.0.12 有害化学物质保护措施；8.0.13 气体保存；5.0.17 生态学方法应用；5.0.19 框架结构；6.0.19 能源节约和水资源节约分析系统；6.0.20 智能照明控制系统；6.0.26 综合方法；7.1.18 改善自然采光；7.1.19 利用外部遮阳；7.1.20 空气质量监控系统；8.0.14 建造过程中破坏环境的恢复；8.0.15 减少光污染和热岛效应；8.0.16 绿色交通；8.0.17 设备和器械技术更新；8.0.18 节能和节水绿色工具；8.0.19 建筑器材监控系统；8.0.21 自然灾害或突发事件重建计划；8.0.22 疏散计划	**可选择的建筑评估方法：** 项目工作小组在持续监督和评估方面，涉及的可衡量目标与可持续关键领域： • 能源（每年 0.86MJ/m²）减少能源消耗 • 水资源（每年 0.25kL/m²）减少水资源消耗 • 日光（房间的采光系数为 2，或者超过 45% 的空间可以接受阳光照射） • 回收利用（建筑垃圾填埋场中，垃圾减少最少 80%）包括回收和再利用 **环境可持续的首创：** 玻璃设计——舒适区域使用双层玻璃；保温——使用超过 BCA 标准 20% 的建筑材料；日光——优化日光渗透、太阳眩光与太阳热能之间的关系；选择高效、高频率、低频闪烁的灯光设备；为维持室内高标准空气质量采用低 VOC 材料、低甲醛产品；室内噪声水平评估，100kVA 以上用电的辅助计量；灯光密度接近最低标准 AS/NZS1680；照明区——运用自动化照明系统；有效利用外部照明，在所有的客户区域设置可开启窗户；利用自动暖通设置来提高能使用源效率；使用可再生的能源，安装光伏发电装置；设置特殊的节水固定装置，按照要求进行雨水收集；污染土地的再利用，植被洼地＋耐寒景观设计，保留＋加强生物多样性；充足的自行车存放点；实现暖通系统的各种制冷剂零臭氧排放，争取最少的灯光污染；妥善处理建筑垃圾填埋；使用本地原材料，波特兰水泥替代 30%，预制 20%，混凝土 15%；原材料的回收利用，实行环境管理计划	**BREEAM 医疗建筑的"优秀"等级：** 一些集成性低能耗特征： • 安装了 500kWh 的地源热泵上的沸水系统 • 夏天提供监测制冷效益的热质量流量计 • 在屋顶上安装 350m² 的单晶太阳能光伏数列板 • 在屋顶上安装 10m² 的太阳能热数组 • 安装了 5.5kW 的风力涡轮 • 建筑包膜 U 值在最低标准的基础上增加 20%，需求和空气渗透值在最低标准的基础上增加 40%，从而达到建筑规范的"批件 L"要求 为了达到 BREEAM 标准（＞85%）包括强制或必需的分值＋达到 85% 或者更高： ——措施： Man 1- 调试 Man 2- 建设人员全面考虑 Man 4- 建筑使用者指导 ——健康和福利： Hea 4- 高频率光照 Hea 12- 细菌污染 ——能源： Ene 1- 减少二氧化碳排放，最小值 10 分必要给予奖励（例如：新的建筑办公室至少达到 25 的 EPC） Ene 2- 采用辅助计量的能源使用 Ene 5- 低碳排放或者零碳排放技术 ——交通运输： ——水资源： Wat 1- 水资源消耗 Wat 2- 水表 ——材料： ——垃圾： Wst 3- 收集可回收利用的垃圾 ——土地使用＋生态学 LE 4- 减轻生态破坏 ——污染： ——创新： BREEAM 最初运行认证有三年强制性的要求，包括： （a）收集用户／住户的满意度，能源和水资源消耗数据； （b）运用数据来分析预期性能； （c）设置目标监控水资源和能源消耗； （d）为设计团队和开发商、BRE 提供每年的消耗量和满意度数据。 同时，该建筑也需要作为一个案例进行公开发行（BRE Global 撰述）

续表

	新加坡国家心脏病治疗中心	美国达拉斯新帕克兰医院	丹麦新奥尔胡斯大学医院
循证设计和相关介入	基于七个关键因素的思考：(1)"用户妥善安置是第一位"，不管是患者、医生还是探病者；(2)设计的中心是合并开放的空间；(3)建设世界级治疗中心；(4)提供社会＋物理联合的城市结构和社会组织；(5)创造一种全新的结构：可塑性和适应性高；(6)利用现代化模块来推动建筑建设；(7)定义东南亚建筑设计的绿色评估标准	• 提高病人的安全感和治疗效果，提高医生的工作效率 • 提高患者、家属、工作人员的满意率 • 采取现阶段最有效的措施手段 • 以灵活地适应未来发展	**环境愈合轮** • 提高病人的安全感和治疗效果，提高医生的工作效率 • 提高患者、家属、工作人员的满意率 • 采取现阶段最有效的措施手段 • 灵活地适应未来发展
可持续设计的特点及相关介入	绿色评估得分为92.75，满分(160)白金级别——第一部分：能源使用效率；第二部分：水资源利用率；第三部分：环境保护；第四部分：室内环境质量，第五部分：其他的绿色特征 可再生资源这一部分的得分较低，或许由于该项目位于城市中心地段。包括日常采光、视野、能源效率和可控的空气调节在内的关键特征，达到绿色标志计划的最高分42分，通过严格的环境、社会和生态建筑，形成了东南亚医疗建筑的绿色评估标准，并使该中心走在世界前列。建筑借助模块化管理来帮助推动项目的建设。认识到自然采光、植物作用与治疗效果之间的相关性。因此医院的设计理念从庭院式修道院设计汲取灵感（源自拉丁语的"hospes"）。空中花园协助治疗，帮助患者早日回归正常的社会生活；同时在他们的生活环境中，帮助减少碳污染。"这些植物起到了碳清洁、过滤有害污染物和吸热的作用——新加坡只有265平方英里，但是有超过400万的人口，因此该中心设计对新加坡尤其重要。"	**LEED™ 医疗建筑"银级认证"** 必备条件：可持续场地（SSP1- 建筑活动污染防治）；水资源效率（WE3.1- 节约水资源）；能源与大气（EAP1- 建筑能源系统基础调试；EAP2- 能源最低能效；EAP3- 基本冷媒管理）；材料与资源（MRP1-可回收物的储存和收集）；室内环境质量（EQP1-最低室内空气质量；EQP2- 二手烟控制） 潜在的额外加分：可持续场地（SS4.1- 替代交通：公共交通；SS4.2-替代交通：自行车存放和更衣室；SS4.4- 停车场容量；SS7.1- 热岛效应：无屋顶；SS8- 减少光污染）；**水资源效率**（WE1.1- 节约绿化景观50%；WE2- 创新性的废水处理技术；WE3.2- 减少用水量30%）；**能源与环境**（EA1- 优化能源效能；EA3- 增强调试；EA4- 改善制冷剂管理；EA5- 测量和验证；EA6- 绿色能源）；**材料与资源**（MR2.1- 建筑废弃物管理：转移50%被处理的垃圾；MR4.1- 回收内容10%）；**室内环境质量**（EQ3.2- 建设室内空气环境管理计划：使用前；EQ4.1- 低挥发性材料：黏合剂和密封材料；EQ4.2-低挥发性材料：油漆和涂层；EQ4.3-低挥发性材料：地板系统；EQ4.4-低挥发性材料：复合木材和纤维板；EQ6.1- 系统可控性：灯光；EQ6.2-系统可控性：热舒适度；EQ7.1-热舒适性：设计；EQ7.2-热舒适性：验证；EQ8.1- 采光和视野：75% 空间采光良好；EQ8.2-采光和视野：90% 空间采光良好）；**创新设计**（ID1-1.4-创新设计；ID2-LEED 认证专家）。 **地区性**（MR5.1-10% 当地选材、处理和生产）	**BREEAM 医疗建筑"杰出"等级：** • 仿效现存的丹麦城镇布局 • 对日光／自然光的最优化合理运用 • 良好的室内声环境 • 选择节能照明装置和人工光源 • 采用对室内气候有积极影响的产品 • 减少对技术安装的依赖 为达到BREEAM 医疗建筑体系"杰出"等级（＞70%），内容包括：强制的或义务的项目得分达到70% 以上 **管理** Man 1-调试 Man 2-建设人员全面考虑 Man 4-建筑使用者指南 **健康：** Hea 4-高频率光照 Hea 12-细菌污染 **能源：** Ene 1-减少二氧化碳排放：最少10分必须获得（例如 EPC 新建办公室的 25 分要求） Ene 2-采用辅助计量的能源使用 Ene 5-低碳排放或者零碳排放技术 **运输：** **水：** Wat 1-水资源消耗 Wat 2-水表 **材料：** **垃圾：** Wst 3-收集可回收利用的垃圾 **用地＋生态** LE 4-减轻生态破坏 **污染：** **创新：**

从以上案例研究中所得到的经验教训是十分宝贵的。总体来说，案例研究说明了将可持续设计和循证设计相结合的重要性。而从本次研究中可以发现，"循证"所依据的案例数据的分布范围十分广泛，小到英国桑德兰的霍顿乐春初级护理中心，大到中国佛山顺德第一人民医院。

一系列的案例研究表明了医疗保健指南和工具确实具有提高医疗服务质量的功能。同时，医疗保健的指南和工具也运用了最新的技术方法，即将可持续设计和循证设计相结合进行立法和监管。这一全新的建筑设计方法对世界上各个国家来讲，特别是在保护生物多样性、共同承担社会责任、促进社会公平等方面，都是必不可少的。商业组织需要充分理解和尊重可持续发展的要求，并且制定恰当的行动。无数的事实告诉我们，应当在地球可承受的资源范围内进行生活，并且应当充分考虑到大自然吸收与降解人类活动所产生浪费和污染的能力，在注重环境效益的前提下研究、开发和呈现新的产品。这一点无论是在制造业、还是建筑业都是如此。可持续发展是符合工业化要求的，减少浪费和降解污染从来不会扼杀创新。跨学科、跨行业的合作交流对改善基础设施的设计质量十分关键。社会文化对建筑设计原则的变更产生着不可估量的作用，这就促使了在采购、管理、设计和使用的过程中进行有效的干预，更好地适应用户需求，满足用户期望。

就每个案例单独来看，战略驱动因素都是综合化的可持续设计和循证设计的相关政策。其中，一些因素对于特殊情况和项目环境来说是十分独特的。所有的案例都表明，这种植入了可持续设计和循证设计的机制，可以提高工作效率及效益，并且为医护人员和患者都提供了积极的影响，从而改善治疗效果。

霍顿乐春初级护理中心的目标和宗旨是为了患者拓展有效的服务范围，将医疗服务融入患者的生活和工作中，提供促进现代化医疗服务发展的催化剂，促进医疗服务的重新配置，为围绕医疗健康护理的团队合作提供机会，为加强社区医疗服务创造"节点"，这证实了建筑师在可持续医疗建筑领域提倡的十个指导原则是有意义的，其中强调了要创造一个高质量的、保障使用者健康安全的内部环境。

为了证明物理环境与患者康复效果之间的联系，美国新帕克兰医院的设计团队采用了一种将可持续性原则和循证设计原则相结合的医疗策略，将美好的前景转换成看得见、摸得着的工程，最终证实，这不仅可以节约成本，而且可以有效实施。目前看来，有据可循的"循证策略"和相应的介入，确实可以提高患者的安全感和康复效果，提高医护人员的工作效率；选择现阶段的最佳实践，以适应未来的各种变化，并且对患者、家属和医护人员的满意度提高也有一定的影响。可持续设计是可实施的，并且是可以通过 LEED™ 进行登记和评估的。同时，通过使用绿色建筑评估方法和能源使用评估办法，可以推动环保建材的推广使用。"可证实策略"和"联合设计介入"同样是与循证设计一脉相承的。

这种将可持续原则和循证设计相结合的方法的实施，在丹麦新奥尔胡斯大学医院建筑过程中非常常见，新大学医院的设计主要是仿照了现存的丹麦城镇布局，并且试图复制与重现过去的城市风貌。建筑师认识到根植于城市社区层次的空间组织结构的重要性，为多元化的、动态的绿色城市发展提供依据。传统的城镇其实可以看作是一个概念性的起点，抑或是一种提供居民居住的网络，除此之外还会兼有其他多种多样的功能。而医院，不仅是城镇多样化与绿色城镇化过程中一个具有催化效果的建筑项目，还是一个包含艺术和科学价值的文化项目。新奥尔胡斯大学医院建设的最初目标是将医院建设成为一所大学医院、一个地区性的中心，以及一个提供医疗保健服务的机构。随着"康复环境"理念的发展，建筑师将康复环境作为重要因素纳入整个医院规划中，同时，新奥尔胡斯大学医院也已经充分认识到循证设计的重要性。

佛山市顺德第一人民医院是一个获得友邦国际奖的中国医院，医院的关注点是循证设计原则，当然也包括其在具体操作、文化等方面的创新。建筑师在医院设计过程中，充分考虑了循证设计的驱动作用。医疗运输系统和家庭参与度提供了对"循证"解决方案的不同理解，而这种情况已经在美国的医院设计中较为常见了。这种"由内而外"的设计方法将"人本因素"带入建筑设计中，同时在建筑的设计与建造过程中，充分考虑了人体工程学。与"由内而外"的方法相组合，"人本因素"被综合运用到建筑的设计和建造中，这其实也是绿色可持续发展的目标。顺德第一人民医院是"可持续发展试点医院"，为未来医院发展提供了可持续的技术参考。医院设计的目标是将西方先进的医疗创意加以调整，从而适应中国本土实践，创造一个全新的康复环境。中国的传统医院，每天需要为约 1500 名居民提供医疗服务，并接收约 6000 名门诊病人。在这种高负荷运转下，如何将中国传统的医疗实践与从西方引进的医疗设计理念相融合，如何增强医院功能、减少医疗事故、整合可持续资源，这些都是综合性可持续原则和循证设计发展过程中所面临的挑战。

澳大利亚盖伦赛德大学在医疗设计中采用的综合性可持续原则和循证设计方法主要有以下几点：

- 将医院定位成一个安全的康复场所；
- 一个启蒙、净化与治愈的地方；
- 有较高的美学价值与公园化设施；
- 多样化住宿；
- 保持生态的可持续性，同时设有雨水花园、陆地洼地等。

现代医疗场所可以为心理健康、戒毒、戒酒等需求提供专业服务，这其实是参考了自1836 年开始的维多利亚收容所。对盖伦赛德大学医院院区的二次开发是十分值得期待的，因为它的目标非常具有研究价值——为澳大利亚创建一个心理健康设施标准，同时获得以循证设计与可持续设计为依据的国际评估证书。其最终目的是通过证实从而强调可持续发展的理论成果必须要以真实的数据为基础。

"绿色经济"的趋势正在全球范围内蔓延，与此同时，某些发达国家已经成功转型，为我们发展环境友好型建筑树立了标杆。在亚欧一些国家，"低能耗"的要求已经成为实现"绿色经济"目标的重要驱动程序。案例研究对如何应对新兴问题具有十分重要的意义。这些新兴问题首先就是定义"循证"与"可持续"，其次是正确认识不同的话题，例如，分散式布局和集中式布局，公共部门参与和私营部门参与，国家标准和国际标准，绩效标准和性能标准，自我评估和第三方评估等话题。

"循证"这一术语，最初分别被 Lawson 和 Phiri（2003）、Ulrich 等（2008）和 Hamilton KD（2008）所引用。经过一段时间的发展，"循证"也开始运用于数据收集和结构化分析，这确实很大程度上顺应了科学的精确性特点。可持续设计由可持续建筑设计以及建筑内部的可持续性设施两部分组成，可持续发展的四个维度分别是，生态、文化、社会和经济。

集中式布局与分散式布局的分庭抗礼已经变成一个创新的重要驱动程序，特别是对医疗保健指南和工具的整体发展而言，回答这个问题具有开拓性意义。然而，随着许多监管系统过时、官僚化、运行低效等问题的产生，建设管理的相关策略和建筑结构的有效性已经受到越来越多的质疑。集中式布局的主要优势是政府在整体指导上提供了赞助和权威，反映出政府医疗保健政策的强大支撑力，当然其缺点也十分明显，即要与政府的其他方面开销争夺资金。

到底应该由谁担负起维护和更新医疗指南和工具的职责，以及到底应该如何平衡公共与私人部门的参与，是另一个问题所在。私人部门的参与通常是由利益需求驱动的，而公共部门的参与可能更关心社会效益和经济效益。例如，医疗保健服务的提供可能在经济上是没有利润可言的，但对社会发展和公众利益来说却是非常必要的。在很多方面，当私人部门的参与无法发挥成效的时候，公共部门的参与便成为一个牢固的安全网或者说是最后的防护墙。

国家发展医疗指南和工具的优势主要是可以与国家立法、医疗保健政策和特殊的社会环境相关联，具有较强的可靠性和实用性。同样，这也是中国建立自己的医疗指南和工具的关键驱动力之一，如果大量参考国外的先进案例，则结论的可靠性和科学性会有所提高。然而，国家开发和维护医疗保健指导和工具的花费非常高，并且需要在人才培养、建筑实践，以及科学研究等方面保持资金的持续投入。作为一种可替代性选择，可以通过经济资源和智力资源的整合来促进指南及规范的产生。如果想要保持医疗健康发展的活力和强劲势头，还应当充分依靠国际标准组织加以实现。

发展核心医疗标准的一项主要挑战是达到规范标准和绩效标准之间的有效平衡。规范标准明确要求了我们到底要做什么；但是绩效标准则仅仅规定了我们所要取得的性能水平到底是怎样的，并给予建筑师创新更大的空间和自由度，以及在减少监管的过程中，应该如何为创新提供机会。但是，问题出现了，以绩效标准为基础的建筑设计，通常是与用户的健康、安全和舒适等问题息息相关的，应该具体由符合最小阈值的数量测试推动，而非整体的设计质量改进。因此，绝不能盲目追求绩效标准。

同时，在我们面前呈现了这样一个问题：医疗保健指南和工具应如何在实践中加以实现，以及到底应该由谁定义"循证"。自我评价、自我认证和自我调节的方法通常在实践中，作为一种由上到下推行医疗保健评价标准的方式加以运用。建立相关的医疗保健标准、建筑规则、设计规范等，有助于减少开发成本，并确保信息的准确性。除此之外，评价系统必须有更多的自我激励措施、创新思维、弹性需求和更强的适应性，而不仅仅依赖于政策目标和绩效标准的确定。

　　搭建目标和结果之间的桥梁是至关重要的。医疗建筑项目的规划通常有美好的愿景，例如，医院建筑都希望可以减少碳排放，提高能源利用率。然而，结果往往无法达到既定目标，传统的建设实践也往往落后于低碳环保的发展速度，这使得建成之后的建筑根本无法达到预计的环保目标。经济的可行性和操作风险的长期性不被利益相关者所关注，这才是低碳创新的关键障碍所在。然而事实上，低碳政策并没有大规模影响到建筑的采购计划，因此对采购并未形成实质性影响。尤其是在医疗行业，从建筑设计到建筑实施整个供应链上，都缺乏低碳创新的相关指导。

　　本书中提出的要识别和解决所有新兴问题的建议，对可持续设计和循证设计的发展具有重要的指导意义。研究表明，运用了循证设计原则和相应干预措施的可持续性医疗建筑，确实对患者的康复过程有益。医院或其他卫生保健设施，一旦开始关注可持续原则和循证设计，那么他们实质上已经在尝试如何正确地、长期地保障用户的健康和安全，所有这些新的尝试已经在某种程度上显示了科学的精密性。本书介绍了世界范围内几个具有参考价值的医院项目，同时展现了可持续设计和循证设计两者之间关系的发展。纵观所有案例研究，可以发现这样一个事实：综合运用了循证设计原则的可持续设计正处于萌芽阶段，作为一门新兴科学，其发展速度是极其可观的，其意义也超过了循证设计本身。

参考文献

Hamilton KD (2008) Evidence is found in many domains. HERD Health Environ Res Design J 1(3): 5–6

Lawson B, Phiri M (2000) Room for improvement. Health Serv J 110(5688): 24–27

Ulrich RS et al (2004) The role of the physical environment in the hospital of the 21st century: a once-in-a-lifetime opportunity. Center for Health Design

Ulrich RS et al (2008) A review of the research literature on evidence-based healthcare design. HERD J 1(3): 61–125

致谢

在过去的几年内，我们与许多优秀专家共事，在他们的协助下最终完成了本书。首先，我们向所有提供案例分析资料的医疗机构表示衷心的感谢，包括：

➤ 新帕克兰医院（New Parkland Hospital，Dallas，USA）；

➤ 新奥尔胡斯大学医院（New Aarhus University Hospital，Skejby，Denmark）；

➤ 霍顿乐春初级护理中心（Houghton Le Spring Primary Care Center，Sunderland，South Tyne and Wear，UK）；

➤ 顺德第一人民医院（First People's Hospital of Shunde，Foshan District，Guangdong，China）；

➤ 盖伦赛德院区改造项目（Glenside Campus Re-development，Adelaide，Australia）；

➤ 新加坡国家心脏病治疗中心（National Heart Centre，Singapore）。

其次，我们也衷心地感谢为书稿整理做出重要贡献的专业人员，包括王晓越、边坤、吕敏、张一平、张曼、宋珂欣、吴昊、赵宇屹、韩宁东、解中赫、巩璞玥，以及来自顺德第一人民医院设计团队、接受采访调研的建筑师们。

最后，感谢国家自然科学基金青年科学基金项目（项目号：51908300），英国土木工程协会研究发展基金项目（项目号 ICE-RDF-2020）以及西交利物浦大学研究发展基金项目（项目号：RDF-11-01-05 & RDF-15-01-19），为整个研究所提供的经费支持。

班淇超

任芳德

丁山东省青岛市

陈 冰

于江苏省苏州市